普通高等教育"十三五"规划教材

BIM 技术应用基础教程

李慧民 编著

北　京
冶　金　工　业　出　版　社
2019

内 容 提 要

本书结合具体案例，系统阐述了 BIM 技术的基本概念、基础知识、应用模式、建筑业信息化的内容及 BIM 技术在建筑业的应用。全书共分 4 章，分别介绍了建筑业信息化的内涵；论述了 BIM 技术的基础知识；探讨了 BIM 技术在建筑业的应用；分析了 BIM 技术应用案例等。

本书适合作为高等院校土木工程、工程管理等专业的教材，也可供从事规划、设计、施工、管理工作的人员参考。

图书在版编目(CIP)数据

BIM 技术应用基础教程/李慧民编著. —北京：冶金工业
出版社，2017.4（2019.1 重印）
普通高等教育"十三五"规划教材
ISBN 978-7-5024-7482-9

Ⅰ.①B… Ⅱ.①李… Ⅲ.①建筑设计—计算机辅助设计—
应用软件—高等学校—教材 Ⅳ.①TU201.4

中国版本图书馆 CIP 数据核字（2017）第 047598 号

出 版 人 谭学余
地 址 北京市东城区嵩祝院北巷 39 号 邮编 100009 电话 （010）64027926
网 址 www.cnmip.com.cn 电子信箱 yjcbs@cnmip.com.cn
责任编辑 杨 敏 美术编辑 吕欣童 版式设计 彭子赫
责任校对 李 娜 责任印制 李玉山
ISBN 978-7-5024-7482-9
冶金工业出版社出版发行；各地新华书店经销；三河市双峰印刷装订有限公司印刷
2017 年 4 月第 1 版，2019 年 1 月第 2 次印刷
787mm×1092mm 1/16；9.75 印张；234 千字；149 页
26.00 元

冶金工业出版社 投稿电话 （010）64027932 投稿信箱 tougao@cnmip.com.cn
冶金工业出版社营销中心 电话 （010）64044283 传真 （010）64027893
冶金书店 地址 北京市东四西大街46号(100010) 电话 （010）65289081(兼传真)
冶金工业出版社天猫旗舰店 yjgycbs.tmall.com
（本书如有印装质量问题，本社营销中心负责退换）

前　　言

建筑业的信息革命，目前已经逐渐汇集成一股潮流，在席卷世界的同时，也影响着中国。信息技术的发展给建筑行业带来了建筑信息模型（BIM），同时使建筑设计方法、设计思想、管理模式等方面发生了改变。为了使读者能够比较系统地了解和学习 BIM 技术，掌握 BIM 技术相关基础知识；培养和造就建筑业信息化方面的人才，特编写了本书。

本书在分析建筑业信息化对建筑业发展战略影响的基础上，主要阐述了 BIM 技术的发展、BIM 软件的特性、BIM 技术的应用模式、BIM 在业主方的应用、BIM 在设计方的应用、BIM 在施工方的应用及 BIM 技术应用案例的分析等。

本书由李慧民编著。刘怡君、王莉、田卫参与了第 1 章的编写；廖思博、王莉、刘怡君、郭海东参与了第 2 章的编写；张倩、米力、王莉、李琦玮参与了第 3 章的编写；米力、张倩、李勤、徐珂、廖思博参与了第 4 章的编写。

本书在编写过程中，得到了西安建筑科技大学 BIM 技术研发中心、西安建筑科技大学华清学院、鄂尔多斯职业学院、北京建筑大学、郑州交通建设投资集团有限公司、内蒙古比目云软件科技有限公司、深圳市斯维尔科技股份有限公司的大力支持与帮助，并参考了国内外有关学者、专家的文献资料，在此向他们及案例所属单位表示衷心的感谢！

由于信息化技术发展较快以及作者水平所限，书中不足之处，敬请广大读者批评指正。

作者
2016 年 12 月

目　　录

1 建筑业信息化概述

1.1 建筑业的内涵

1.1.1 建筑业的概念

"建筑"一词是一个外延广泛的概念。一般而言,"建筑"在学科划分上有广义和狭义之分:广义的建筑包括房屋建筑和土木工程,而狭义的建筑则专指房屋建筑。

因此,从广义的概念出发,房屋建筑物以外的土木工程也是建筑工程,建筑业也就是一个以房屋建筑和构筑物等建筑产品为生产对象的行业,其专业范围涉及建筑、土木、机械、设备、工程施工与安装、勘察设计、构配件生产、中介服务等领域。而狭义的概念则从行业特性和统计分类角度出发,将建筑业划定为从事建筑产品生产活动的产业部门,属于第二产业。

1998 年 3 月起正式实施的《中华人民共和国建筑法》对建筑活动的定义是:"本法所称建筑活动,是指各类房屋建筑及其附属设施的建造和与其配套的线路、管道、设备的安装活动。"各类房屋建筑及其附属设施主要是指一般工业与民用建筑工程。而 1999 年版《辞海》对建筑业的定义直接包含了专业建筑工程:"国民经济的一个物质生产部门,包括从事矿山、铁路、公路等土木工程的房屋建筑活动的土木工程建筑业;从事各种线路、管道和各类机械设备、装置安装活动的线路、管道和设备安装业;从事建筑物和车、船等装修和装饰的装修装饰业三大类。"以上这两个定义只包含了建筑生产活动,因而都属于狭义的建筑业概念。此外,从统计分析和行业划分的角度对建筑业的定义也基本属于"狭义建筑业"的范畴。

根据我国的国民经济行业分类标准(GB/T 4754—2011),建筑业作为 20 个门类之一,由"房屋建筑业"、"土木工程建筑业"、"建筑安装业"、"建筑装饰和其他建筑业"四个大类组成(见表 1-1)。

表 1-1 建筑业的行业分类

分 类	具 体 含 义
房屋建筑业	指房屋主体工程的施工活动;不包括主体工程施工前的工程准备活动
土木工程建筑业	指土木工程主体的施工活动;不包括施工前的工程准备活动。其中包括:(1)铁路、道路、隧道和桥梁工程建筑;(2)水利和内河港口工程建筑;(3)海洋工程建筑(指海上工程、海底工程、近海工程建筑活动,不含港口工程建筑活动);(4)工矿工程建筑(指除厂房外的矿山和工厂生产设施、设备的施工和安装);(5)架线和管道工程建筑(指建筑物外的架线、管道和设备施工活动);(6)其他土木工程建筑

分　类	具　体　含　义
建筑安装业	指建筑物主体工程竣工后，建筑物内各种设备的安装活动，以及施工中的线路敷设和管道安装活动；不包括工程收尾的装饰，如对墙面、地板、天花板、门窗等处理活动。其中包括：（1）电气安装；（2）管道和设备安装；（3）其他建筑安装业
建筑装饰业和其他建筑业	建筑装饰业：指对建筑工程后期的装饰、装修和清理活动，以及对居室的装修活动。 其他建筑业： （1）工程准备活动：指房屋、土木工程建筑施工前的准备活动； （2）提供施工设备服务：指为建筑工程提供配有操作人员的施工设备的服务； （3）其他未列明建筑业：指上述未列明的其他工程建筑活动

相比之下，"广义建筑业"还涉及与建筑业有关的服务活动，其范畴包括从事建筑产品生产（包括勘察、设计、建筑材料、半成品和成品的生产、施工及安装）、维修和管理的机构，以及相关的教学、咨询、科研、行业组织等机构。

1.1.2　建筑业的特点

建筑业是国民经济的重要支柱产业之一，它与整个国家经济的发展、人民生活的改善有着密切的关系。建筑业的特点主要由建筑产品特点和建筑业产业特点决定。

1.1.2.1　建筑产品的特点

建筑产品具有体积庞大、复杂多样、整体难分、不易移动等特点，从而使建筑生产除了具有一般工业生产的基本特征外，还具有以下主要特点。

A　建筑产品的固定性和生产的流动性

a　建筑产品的固定性

建筑业建造的产品主要包括房屋、建筑物、桥梁、道路、码头和设备的安装等，很多涉及国家基础建设项目和国计民生工程。这些工程通常为不动产，每项建筑产品都有其特定的用途和建设要求，建筑产品无论它的用途如何，从建成到使用寿命终结，始终是与土地相连的，通常固定在一个地方不动。建筑产品在生产过程和使用过程的不动性，也就决定了施工企业的流动性生产和分散式经营管理。

b　建筑生产的流动性

建筑产品与土地相连固定不动，建成后也不能随产品销售进行空间转移，建筑产品的固定性导致生产活动的流动性，施工设备、作业人员围绕不同的建设地点不断转移。其次建筑业生产产品的特殊性，要求必须在现场完成施工，才能最终完成产品的设计要求。这就要求建筑业的机构、物资、设备部门，在建筑施工过程中随施工人员和各种机械、电器设备施工部位的不同沿着施工对象流动，不断转移操作场所。

B　建筑产品的风险性

建筑产品一般是室外作业，导致工作条件千变万化，即使同一张图纸，因地质、气象、水温等条件不同，所生产的产品也会有很大的区别。加之作业时间长，隐蔽性工程多，施工过程中不确定自然因素非常多，如地震、洪水、飓风、滑坡、溶洞地质等，都会给建筑业带来不可预知的风险。其次是来自社会上的风险，建筑业外埠❶施工项目，当地

---

❶　外埠：本地以外较大城镇。

组工现象普遍存在，如果承揽工程施工队伍的施工水平不过硬，容易影响到工程建设质量，造成各种索赔，遭受不必要的损失。

C　建筑产品的个体性和生产的单件性

建筑产品因地理环境的客观条件和功能要求的不同，从内容到形式都要进行单体设计，实行单件生产。随着人民生活水平的提高和社会的发展，对建筑产品的需求也呈现出更大的差异化和多样性。即使是同一类型工程，或者用同样的设计图纸，最终的建筑产品也因气候、地质、水文、材料和施工工艺等差异而复杂多样。此外，建筑产品的配套性很强，如果工程不配套，即使部分工程竣工也不能投入使用。因此，建筑产品从设计到施工的生产过程具有突出的单件性。

D　建筑产品的庞大体积和生产周期的长期性、生产的间断性

建筑产品的生产周期一般较长，有的建设工程周期甚至长达几十年。由于建筑产品的体积庞大、生产周期长，以及立体交叉施工、露天高空作业等特点，建筑生产一方面需要消耗大量的建筑材料、建设资金和劳动力，另一方面生产的预见性和可控性较差，难以实现均衡生产。

E　建筑产品和生产过程的社会性

建筑产品作为构成社会环境的一个重要组成部分，其外表造型和内部结构的设计受到经济技术条件、自然环境、历史文化和社会习俗等方面的综合影响。建成后的建筑产品是一类特殊的产品，它关系到建筑者和使用者的安全、卫生、城镇规划、道路交通和环境生态保护等各个方面。不仅如此，建筑产品的生产过程也因涉及各方的利益而具有较强的社会性。工程项目的建设不但要求施工企业与业主、设计单位和材料供应商等密切配合，而且还要与市政管理机构、公安消防部门、环保部门，以及建设工地周边企业和居民发生经常性关系。

1.1.2.2　建筑业的产业特性

A　经营管理和生产的复杂性

由于没有稳定的生产对象和生产条件，建筑行业具有管理制度和机构多变、从业人员流动、作业条件差等特点。建筑业企业要根据各项工程的具体情况组织施工生产，大大增加了经营管理的复杂性和难度。而且建筑施工主要在露天作业，施工环境存在一定的危险性，如防护不当经常会造成人员伤亡，而施工场所的分散也增加了安全管理方面的风险和难度。此外，由于建设工程项目周期较长，在项目施工过程中，容易受到各种不确定因素或事先不可预见因素的影响，比如气候变化、建设用地征地拆迁受阻、工程进度款不到位等，从而导致工程项目不能如期完成或增加施工成本。

另一方面，由于建筑产品复杂多样、体积庞大、社会性强、生产地点分散，要求建筑业企业应具备综合技术能力和协作生产能力。在工程建设过程中涉及的部门多，除经常要与建设单位（业主）、勘察设计单位、监理单位、供应商（材料和设备）等打交道之外，而且还要与市政管理机构、工程质量和安全监督机构等政府有关部门发生联系。生产关系和产业组织的复杂化要求建筑业企业必须具有协调各方关系的能力。

B　建筑市场的地区性和地方保护

由于建筑产品的固定性和需求的多样性，使得建筑市场具有十分明显的地区性。建筑

产品的投资生产过程与当地的社会经济各部门有着密切的联系，当地的施工企业在承担建设任务上拥有一定的竞争优势，导致建筑生产具有很强的地方性。特别是在市政工程等基础设施建设方面，由于公共产品缺乏流通性和替代性，并受到国家政策和政府机构的严格控制，其市场准入和产品生产容易受到地方保护主义的影响，难以完全做到市场化。

建筑业固有的地区性和建筑市场的地方保护，为建筑业企业开拓跨地区业务和提高建筑市场的市场化程度增加了难度。建筑市场的地域分割现象在市场经济体制不够完善的发展中国家尤其严重。但即使在发达国家，建筑市场也是政府经常介入的领域，公共工程建设项目的地方保护和滥用职权干预工程发包和承包的问题依然存在。

C 建筑产业生产形式的特殊性

建筑业企业不像工业企业那样能够自主地组织生产，而是根据用户需求，主要以承包和发包方式来组织生产的。建筑产品复杂多样且配套性强，每项建筑工程都是各种专业工程的综合体，而一般情况下单个建筑业企业很难配备所有专业的机械设备和劳动力。因此，层层分包制是建筑业所特有的生产形式，总承包企业在承包工程后，通常是将工程中的特定内容分包给专业工程承包企业。由此，总承包企业可以有效地减少因收集市场信息、指导现场施工等而产生的交易费用，同时，各级专业分包企业也可以享受到分工协作带来的规模效益。所以，专业化施工和协作生产体系是建筑业发挥分包制优越性的关键所在。建筑生产一方面要合理地进行专业分工，另一方面要根据建筑产品社会化大生产的需求实行协作生产。

D 行业整体发展的波动性

建筑业是国民经济的重要支柱产业之一，它与整个国家经济的发展、人民生活的改善有着密切的关系。在基础设施建设和城市化建设力度不断加大的推动下，我国建筑业保持良好的增长势头，经济效益持续提高，对国民经济增长的贡献较大。

建筑业的生产任务主要来源于全社会固定资产投资，即基本建设投资。也就是说，建筑生产的规模在很大程度上取决于国民经济发展对增加固定资产的需要，特别是基础设施规模、房地产业的发展及城市化进展等因素。正是因为建筑业与整个国家的经济建设和社会发展密切相关，在它的发展过程中存在许多不可预见的波动因素，从而使得行业发展产生较大的波动。所以，建筑业也可以说是比较典型的产业政策导向型行业，受国家发展规划、宏观经济调控以及产业结构调整等政策的直接影响。

1.1.3 建筑业的发展

建筑业是国民经济的主要物质生产部门之一，与整个国家的经济发展和人民生活的改善有着十分密切的关系。没有强大的建筑业，社会的再生产活动就无法顺利进行，人民的物质文化生活也得不到改善。在一些国家，建筑业被誉为"经济的播种人"和"万年成长产业"，是因为在人类历史的发展过程中，建筑业对经济的持续稳定发展和人民生活水平的逐步提高起到了基础性推动作用。

我国建筑有着悠久的历史和独特的风格，在世界建筑史上占有重要的地位。我国近代建筑业是在 1840 年鸦片战争以后，伴随着外国资本主义的入侵和我国资本主义的发展而兴起的，但在当时错综复杂的历史条件下存在许多混乱现象和畸形状态。新中国成立以后，我国建筑业进入了一个新的发展时期，成长为国民经济一个重要的产业部门，其间可谓经历了曲折复杂的发展历程。

改革开放前，我国建筑业得到了一定的发展，为经济建设做出了重要贡献，但当时建筑业被当作基本建设投资的消费部门，用"基本建设"概念代替"建筑业"的概念，把建筑业排除在物质生产部门之外。这些错误观念曾在较长时期内对建筑业的发展带来了很大的影响，使行业管理陷入混乱状态，建筑业生产力受到严重破坏。

改革开放 30 多年来，我国建筑业得到了持续快速发展，取得了巨大的成就。作为推行经济体制改革的突破口，建筑业率先进行了全行业改革，同时改变了过去不把建筑产品当作商品、不重视建筑业等错误概念，使建筑业发展成为国民经济的支柱产业之一，工程建设水平不断提高，产业规模迅速扩大，对经济的持续稳定发展和人民生活水平的逐步提高起到了基础性推动作用，为缓解我国就业压力，特别是为解决农村剩余劳动力转移问题做出了贡献。

1.1.4　建筑业的地位

建筑业与国民经济的快速增长和社会的全面发展密不可分。从世界各国的经济发展经验来看，建筑业在工业化和城市化的形成初期具有相当高的发展速度和活力。因此，我国建筑业发展成为国民经济的支柱产业是一个必然的趋势。从目前建筑业在国民经济和产业结构中的地位和作用来看，我国建筑业已逐渐发展成为一个具有举足轻重地位的支柱产业，在我国的经济发展过程中发挥了重要作用。

所谓支柱产业，一般是指能够对一个国家或地区的经济和社会向前发展起到基础作用、带来巨大效益、产生深远影响的产业。一个产业在国民经济的地位高低，反映在该产业的增加值占 GDP 的比重、就业人数占全部就业人数的比重、税收收入占财政收入的比重、同其他产业关联度的大小等方面。一般认为，支柱产业应具备的条件有增加值占 GDP 的比重达到 5% 以上、影响力系数和感应度系数都大于 1 的指标。而建筑产品和生产活动的技术经济特点，也决定了建筑业在国民经济中具有特殊地位和作用，主要表现在以下几个方面。

1.1.4.1　建筑业在国民经济中占有举足轻重的地位

建筑业在国民经济中的地位，是随经济发展的不同阶段的变化而变化的。在发展中国家和新兴工业化国家，建筑业在国民经济中的重要程度迅速增加；而在工业发达国家，建筑业对国内生产总值的贡献却呈下降趋势。由此可见，当一个国家的经济进入高速增长的发展时期时，建筑业最能发挥其应有的积极作用；当一个国家经济发展到一定水平时，建筑业的作用和贡献将有所减弱。

从工业发达国家建筑业的发展历史来看，建筑业在国民经济中占有举足轻重的地位。尤其是在第二次世界大战后，建筑业成为许多国家战后重建和经济发展的支柱产业。在我国经济的发展过程中，建筑业也同样发挥了重要的作用。图 1-1 给出了 2006 年至 2015 年我国国内生产总值、建筑业增加值及增速的变化情况。从图 1-1 中可以看出，2015 年全年国内生产总值 676708 亿元，比上年增长 6.9%。全年全社会建筑业实现增加值 46456 亿元，比上年增长 6.8%，增速略低于国内生产总值增速 0.1 个百分点，自 2009 年以来首次低于国内生产总值增速。

关于建筑业增加值的统计数据需要说明的是，按照《2015 年建筑业发展统计分析》

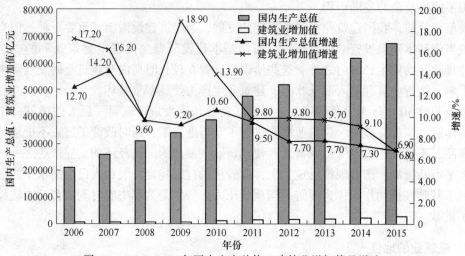

图 1-1 2006~2015 年国内生产总值、建筑业增加值及增速

所给出的最新数据（见图 1-2）表明，2006 年以来，建筑业增加值占国内生产总值的比重始终保持在 5.7% 以上。2015 年虽然比上年回落了 0.22 个百分点，但仍然达到了 6.86% 的高点，与 2013 年持平，从而更加表明建筑业的国民经济支柱产业地位稳固。

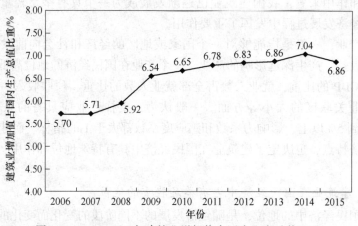

图 1-2 2006~2015 年建筑业增加值占国内生产总值比重

与工业发达国家相比，我国建筑业目前正处于有利于发展的黄金时期。目前，我国经济正处于快速增长时期，这也是建筑业迅速发展的增长期。从我国的宏观经济状况和发展规划来看，西部大开发、农村城市化、城市基础设施建设和交通建设等被列为国家基本建设投资的重点，预示着在未来一个比较长的时期内，我国建筑业将面临前所未有的历史性发展机遇，随着整个社会经济的发展，建筑业作为国民经济的重要支柱产业之一，在国民经济中的地位也将得到进一步的增强。

1.1.4.2 建筑业是各行业赖以发展的基础性产业

基础性产业是指为其他产业发展以及整个国民经济提供基本条件和物质保障的产业。从主要提供最终产品而不是中间产品的产业特性来看，建筑业或许还称不上是其他所有产业赖以生存和发展的基础，但建筑业为绝大部分的产业提供了必要的生产设施、办公条件和设备安装等，因而可称之为其他产业部门的基础产业。同时，建筑业又为城乡建设和社会生活提供了各类民用建筑和市政公用设施，改善了人民群众的物质生活和文化生活。因此，建筑业是国民经济中的一个重要物质生产部门，肩负着为社会再生产和国民文化生活提供必要的物质技术基础的使命，尤其是工业的扩大再生产离不开生产性固定资产，而建筑业在形成固定资产方面具有不可缺少的作用。

　　改革开放以来，固定资产投资作为拉动经济发展的重要手段之一，投资总额保持了高速增长，这为建筑业的发展奠定了良好基础。固定资产投资按构成分为建筑安装工程、设备及工器具购置和其他费用三大类。如图 1-3 所示，我国的全社会固定资产投资额保持了持续快速增长的势头，2015 年全社会固定资产投资（不含农户）551590 亿元，比上年增长 10.0%，增速连续 6 年下降。建筑业固定资产投资 4895 亿元，比上年增长 10.20%，占全社会固定资产投资的 0.89%。建筑业固定资产投资增速出现较大幅度的下降，2015 年比上年下降了 15.60 个百分点，如图 1-4 所示。

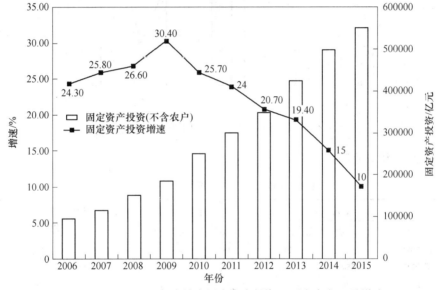

图 1-3　2006~2015 年全社会固定资产投资（不含农户）及增速

　　建筑业建成了近万个关系国计民生的大中型工程项目，有力地促进了其他物质生产部门和社会的发展，可以说没有建筑业的发展，就难以形成其他产业的有效发展，也就谈不上国民经济的稳定发展。

1.1.4.3　建筑业是产业关联度较强的支柱性产业

　　建筑业与国民经济各部门关系密切，建筑产品的生产过程也是物质资料的消费过程。建筑业在为国民经济各部门和社会生活提供物质技术基础的同时，需要消耗其他工业部门的大量产品，对带动整个经济发展有显著影响。投入产出分析是产业分析的重要手段之一。其中，把某个产业在经济活动过程中对其他产业的波及作用称为影响力。其大小可通过影响力系数❶来计量。表 1-2 是结合 1987~2010 年的投入产出表计算出的感应度系数和

---

　　❶　影响力系数：是当一个产业部门增加一个单位的最终需求时，对国民经济各个部门所产生的生产需求波及程度。影响力系数大于 1，则表明该产业对其他产业部门所产生的波及影响程度超过社会平均影响水平（即在全部产业中居平均水平以上）。

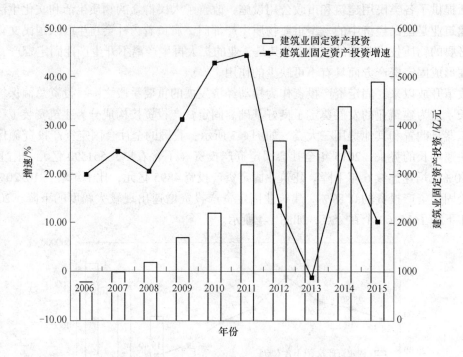

图 1-4　2006～2015 年建筑业固定资产投资及增速

影响力系数来对建筑业进行分析。

表 1-2　建筑业的感应度系数和影响力系数

年份	感应度系数				影响力系数			
	第一产业	第二产业	第三产业	建筑业	第一产业	第二产业	第三产业	建筑业
1987	0.7392	1.5169	0.7439	0.4453	0.8013	1.2556	0.9431	1.1921
1990	0.7592	1.5354	0.7118	0.3993	0.7935	1.2678	0.9387	1.1576
1992	0.6300	1.5396	0.8304	0.4564	0.7854	1.2414	0.9732	1.0999
1995	0.6523	1.5912	0.7565	0.4502	0.8332	1.2488	0.9180	1.1062
1997	0.6336	1.6263	0.7429	0.6078	0.8252	1.2143	0.9605	1.1620
2002	0.6122	1.5522	0.8356	0.6240	0.8440	1.2313	0.9246	1.2011
2007	0.5252	1.7705	0.7043	0.4240	0.8099	1.3084	0.8817	1.1882
2010	0.4592	1.7859	0.7549	0.4211	0.8354	1.2873	0.8773	1.1521

　　从表 1-2 可看出，建筑业的影响力系数比较平稳，始终大于1，远高于第一、三产业，但略低于第二产业，说明建筑业影响很大，超出了社会平均水平，具有很大的拉动效用。也说明建筑业随着经济的快速发展而得到了提高，并且建筑业的产业链比较长，对经济辐射作用强，且其产品技术含量高，有着较强的附加值，优先发展建筑业不仅能拉动其他产业的发展，还能加快产业结构升级。

　　另一个相对应的指数是感应度系数❶。由表 1-2 可知，建筑业的感应度系数的值都是

---

　　❶　感应度系数：各产业部门均增加一个单位的最终需求时，某个产业因此而受到的需求感应程度，也就是需要该部门为其他部门的生产而提供的产出量。

小于 1 的，说明建筑业的感应度水平低于其他产业的平均水平。建筑业似乎是一个对其他产业部门的影响作用较大，而受其他产业的影响程度较小的一个产业。在 1987 年至 2002 年，建筑业的感应度系数一直在缓慢增长，说明建筑业在稳健地发展。但 2002 年至 2010 年，建筑业的感应度系数不仅回落，还低于 1995 年，说明我国为了抑制通货膨胀、缩小内需使建筑业的生产产量下降而变小，导致建筑业在投入产出分析中对国民经济变动的敏感性显得较差。

1.1.4.4　建筑业是重要的劳动就业部门

建筑业是典型的劳动密集型行业，对于消化剩余劳动力、解决就业问题具有十分重要的意义。如图 1-5 所示，改革开放以来我国建筑施工队伍的规模迅速扩大，从业人数呈不断上升趋势，吸收了大量劳动。2015 年年底，全社会就业人员总数 77451 万人，其中，建筑业从业人数 5003.4 万人，比上年末增加 466.4 万人，增长 10.28%。建筑业从业人数占全社会就业人员总数的 6.46%，比上年提高 0.59 个百分点。

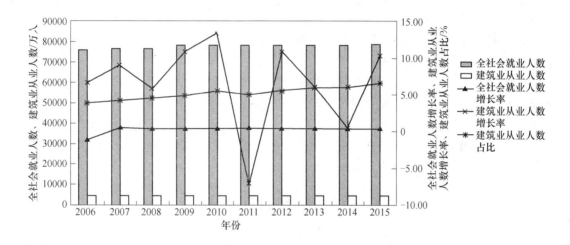

图 1-5　2006~2015 年全社会就业人员总数、建筑业从业人数增长情况

值得一提的是，建筑业的从业人员绝大部分来自乡村，建筑业在吸纳农村转移人口就业、推动新型城镇化建设和维护社会稳定等方面继续发挥显著作用。

虽然我国建筑业在技术装备不高的背景下吸收和容纳了大量的劳动力，但从业人员的比重还明显低于发达国家的水平，在扩大就业方面尚有进一步提高的空间。世界各国的建筑业作为机械化程度不高、技术相对落后的部门，均容纳了较多的就业人数。就发达国家而言，20 世纪 90 年代以来，美国、日本、德国、英国、意大利的建筑业就业人数所占比重均保持在 6%~11% 之间。因此，考虑到我国的经济发展水平和劳动力资源构成情况，我国建筑业的发展潜力十分巨大，将对缓解就业压力继续发挥重要的作用。

1.1.4.5　建筑业对国民经济发展的调节作用

由于建筑业的特殊地位并具有与社会经济发展的密切相关性，建筑业经常被誉为国民经济运行的"晴雨表"。当国民经济处于快速发展阶段时，固定资产投资和住宅消费需求的增加能有力地带动建筑业的发展；当国民经济处于调整和萧条阶段时，投资需求的减退将直接导致建筑业处于低谷。而建筑业之所以被誉为"晴雨表"是因为从时间上来看，建筑业的萧条先于国民经济的不景气，其复苏又滞后于整个经济的全面复苏。

鉴于建筑业的发展与国民经济的成长周期之间存在着一定的延迟性，也鉴于建筑业的较大产业关联性，建筑业被视为对宏观经济具有调节作用的一个产业部门。当出现经济过热现象时，政府可以通过压缩公共投资规模等措施来抑制建筑业的发展，从而间接调控其他产业部门的发展；反之，在经济萧条时期，可以通过加大对公共事业和基础设施建设的投资来刺激与建筑业密切相关的产业部门的发展，缓解国民经济萧条的程度，从而带动整个经济的发展。

值得一提的是，随着经济发展水平的不断提高，与建筑业密切相关的房地产市场对宏观经济的调节作用也会越来越明显。房地产业是包括住房生产、流通、分配、消费在内的住宅建筑业。其在国民经济中的作用主要体现在，通过对地和房屋的开发经验，向社会提供各类房屋以满足居住和生产经营活动的需要，并通过市场运作、调节消费，为国家增加财政收入。

长期以来，我国建筑业对国民经济的调节作用是通过扩大或压缩固定资产投资规模来实现的，这就使得建筑业的整体发展与国民经济发展周期呈正比趋势，具有较大的波动性。改革开放后，固定资产投资主体出现多元化，国家预算内投资占总投资的比例逐年下降，而预算外投资大幅度增长。

为此，国家对预算外投资实行了严格控制，而基建项目的大上、大下对建筑业的发展产生了较大的影响。由于建筑业对国民经济的波动比一般产业更为敏感，盲目建设使建筑业面临严峻的生产能力相对过剩的问题。因此，稳定的投资需求对建筑业的健康协调发展十分必要，这就要求政府对公共投资规模有长远的战略眼光，通过市场调节和国家宏观调控使建筑总需求与总供给之间实现动态平衡。

1.2　建筑业信息化的内涵

1.2.1　建筑业信息化的概念

工程项目是一个复杂、综合的经营活动，其生命周期从规划、勘测、设计、施工，到使用、管理、维护等阶段，时间周期长达数年甚至几十年，其间参与者涉及众多部门和专业。确保信息在建设项目生命周期内实现共享和充分利用，已成为使用者、建造者、投资者以及管理者的共识。

因此，建筑业信息化的提出，就是基于这些需求，充分利用计算机、网络、人工智能等新兴技术手段，充分运用信息技术所带来的巨大生产力，优化建筑过程，提高建筑业的生产效率，提升建筑业自身的信息化应用水平和管理水平。

21世纪是一个以数字化、信息化网络为特征的时代。信息对经济增长起着决定性的作用，信息资源已成为经济发展的战略性资源，而信息时代的到来无疑会把建筑市场置于其中。近年来，国际上越来越多的国家和地区正在逐步加强信息技术在建筑领域的开发和应用。因此，为贯彻落实《中共中央、国务院关于进一步加强城市规划建设管理工作的若干意见》及《国家信息化发展战略纲要》，进一步提升建筑业信息化水平，中华人民共和国住房和城乡建设部下发了《2016—2020年建筑业信息化发展纲要》。"纲要"中指出，建筑业信息化是建筑业发展战略的重要组成部分，也是建筑业转变发展方式、提质增效、节能减排的必然要求，对建筑业绿色发展、提高人民生活品质具有重要意义。同时，"纲要"旨在增强建筑业信息化发展能力，优化建筑业信息化发展能力，加快推动信息技术与建筑工程管理发展深度融合。

1.2.2 建筑业信息化的发展

自 1995 年建设部实施"金建"工程以来，我国正式启动中国建筑业信息化方面的研究与实践工作。在国家"大力推进信息化"基本方针的指引下，2004 年 7 月，科学技术部确立"建筑业信息化关键技术研究与应用"为国家"十一五"科技支撑重点项目，组织了一大批相关领域的专家学者攻克关系到建筑业信息化进程的关键原理、管理方法和核心技术，进而推动建筑业走向信息化发展的道路。住房和城乡建设部（原建设部）先后发布了《2003—2008 年全国建筑业信息化发展规划纲要》、《2011—2015 年建筑业信息化发展纲要》、《2016—2020 年建筑业信息化发展纲要》等纲领性文件。

建筑业从"手工、自动化"逐渐向"信息化、网络化"发展，2000 年的"甩图板"运动使得计算机辅助设计（CAD）技术实现了从手工到自动化绘图及计算的变革，2008 年建设项目开始应用 BIM 技术，开启了我国从自动化到信息化的转变。目前我国正处于 BIM 技术的推广应用阶段，即从自动化朝信息化转变的阶段。

《2011—2015 年建筑信息化发展纲要》明确提出当前建筑业信息化的总体目标："基本实现建筑企业信息系统的普遍应用，加快建筑信息模型（BIM）、基于网络的协同工作等信息技术在工程中的应用，推动信息化标准建设"，这说明现阶段的建筑信息化进入了主要以 BIM 技术推动的发展阶段。

《2016—2020 年建筑信息化发展纲要》提出建筑企业应积极探索"互联网+"形势下管理、生产的新模式，深入研究 BIM、物联网等技术的创新应用，创新商业模式，增强核心竞争力，实现跨越式发展。同时，应积极增强建筑业信息化发展能力，优化建筑业信息化发展环境，加快推动信息技术与建筑业发展深度融合，充分发挥信息化的引领和支撑作用，塑造建筑业新业态。主要任务包括企业管理信息化、行业监管信息化、咨询服务信息化、专项信息技术标准化等。从中可以看出，"纲要"将 BIM 技术上升到国家发展战略层面，对于加强 BIM 技术深化和推广工作具有重要意义。

随着北京、上海、广州等一线城市陆续颁布地方级的 BIM 政策与标准，BIM 技术应用市场需求已经呈现井喷现象。然而，缺乏有经验的从业者已经成为建筑业、信息技术业通往 BIM 时代的主要瓶颈，BIM 的广泛采用需要大范围的提升从业人员的新技能。BIM 人才的培养已经成为国家信息技术产业、建筑产业发展的强有力支撑和重要条件之一，而建筑业的社会效益、经济效益取决于 BIM 技术水平的高低。

1.2.3 建筑业信息化的内容

建筑业信息化是建筑业发展战略的重要组成部分，也是建筑业转变发展方式、提质增效、节能减排的必然要求，对建筑业绿色发展、提高人民生活品质具有重要意义。主要内容包括以下四个方面。

1.2.3.1　企业信息化

建筑企业应积极探索"互联网+"形势下管理、生产的新模式，深入研究 BIM、物联网等技术的创新应用，创新商业模式，增强核心竞争力，实现跨越式发展。对此，大致对以下三类企业作出明确要求。

A　勘察设计类企业

a　推进信息技术与企业管理深度融合

进一步完善并集成企业运营管理信息系统、生产经营管理信息系统，实现企业管理信息系统的升级换代。深度融合 BIM、大数据、智能化、移动通信、云计算等信息技术，实现 BIM 与企业管理信息系统的一体化应用，促进企业设计水平和管理水平的提高。

b　加快 BIM 普及应用，实现勘察设计技术升级

在工程项目勘察中，推进基于 BIM 进行数值模拟、空间分析和可视化表达，研究构建支持异构数据和多种采集方式的工程勘察信息数据库，实现工程勘察信息的有效传递和共享。在工程项目策划、规划及监测中，集成应用 BIM、GIS、物联网等技术，对相关方案及结果进行模拟分析及可视化展示。在工程项目设计中，普及应用 BIM 进行设计方案的性能和功能模拟分析、优化、绘图、审查，以及成果交付和可视化沟通，提高设计质量。

推广基于 BIM 的协同设计，开展多专业间的数据共享和协同，优化设计流程，提高设计质量和效率。研究开发基于 BIM 的集成设计系统及协同工作系统，实现建筑、结构、水暖电等专业的信息集成与共享。

c　强化企业知识管理，支撑智慧企业建设

研究改进勘察设计信息资源的获取和表达方式，探索知识管理和发展模式，建立勘察设计知识管理信息系统。不断开发勘察设计信息资源，完善知识库，实现知识的共享，充分挖掘和利用知识的价值，支撑智慧企业建设。

B　施工类企业

a　加强信息化基础设施建设

建立满足企业多层级管理需求的数据中心，可采用私有云、公有云或混合云等方式。在施工现场建设互联网基础设施，广泛使用无线网络及移动终端，实现项目现场与企业管理的互联互通，强化信息安全，完善信息化运维管理体系，保障设施及系统稳定可靠运行。

b　推进管理信息系统升级换代

普及项目管理信息系统，开展施工阶段的 BIM 基础应用。有条件的企业应研究 BIM 应用条件下的施工管理模式和协同工作机制，建立基于 BIM 的项目管理信息系统。

推进企业管理信息系统建设，完善并集成项目管理、人力资源管理、财务资金管理、劳务管理、物资材料管理等信息系统，实现企业管理与主营业务的信息化。有条件的企业应推进企业管理信息系统中项目业务管理和财务管理的深度集成，实现业务财务管理一体化。推动基于移动通信、互联网的施工阶段多参与方协同工作系统的应用，实现企业与项目其他参与方的信息沟通和数据共享。注重推进企业知识管理信息系统、商业智能和决策支持系统的应用，有条件的企业应探索大数据技术的集成应用，支撑智慧企业建设。

c 拓展管理信息系统新功能

研究建立风险管理信息系统，提高企业风险管控能力。建立并完善电子商务系统，或利用第三方电子商务系统，开展物资设备采购和劳务分包，降低成本。开展 BIM 与物联网、云计算、3S 等技术在施工过程中的集成应用研究，建立施工现场管理信息系统，创新施工管理模式和手段。

C 工程总承包类企业

a 优化工程总承包项目信息化管理，提升集成应用水平

进一步优化工程总承包项目管理组织架构、工作流程及信息流，持续完善项目资源分解结构和编码体系。深化应用估算、投标报价、费用控制及计划进度控制等信息系统，逐步建立适应国际工程的估算、报价、费用及进度管控体系。继续完善商务管理、资金管理、财务管理、风险管理及电子商务等信息系统，提升成本管理和风险管控水平。利用新技术提升并深化应用项目管理信息系统，实现设计管理、采购管理、施工管理、企业管理等信息系统的集成及应用。

探索 PPP（政府和社会资本合作）等工程总承包项目的信息化管理模式，研究建立相应的管理信息系统。

b 推进"互联网+"协同工作模式，实现全过程信息化

研究"互联网+"环境下的工程总承包项目多参与方协同工作模式，建立并应用基于互联网的协同工作系统，实现工程项目多参与方之间的高效协同与信息共享。研究制定工程总承包项目基于 BIM 的多参与方成果交付标准，实现从设计、施工到运行维护阶段的数字化交付和全生命周期信息共享。

1.2.3.2 行业监管与服务信息化

积极探索"互联网+"形势下建筑行业格局和资源整合的新模式，促进建筑业行业新业态，支持"互联网+"形势下企业创新发展。

A 建筑市场监管

a 深化行业诚信管理信息化

研究建立基于互联网的建筑企业、从业人员基本信息及诚信信息的共享模式与方法。完善行业诚信管理信息系统，实现企业、从业人员诚信信息和项目信息的集成化信息服务。

b 加强电子招投标的应用

应用大数据技术识别围标、串标等不规范行为，保障招投标过程的公正、公平。

c 推进信息技术在劳务实名制管理中的应用

应用物联网、大数据和基于位置的服务（LBS）等技术建立全国建筑工人信息管理平台，并与诚信管理信息系统进行对接，实现深层次的劳务人员信息共享。推进人脸识别、指纹识别、虹膜识别等技术在工程现场劳务人员管理中的应用，与工程现场劳务人员安全、职业健康、培训等信息联动。

B 工程建设监管

a 建立完善数字化成果交付体系

建立设计成果数字化交付、审查及存档系统，推进基于二维图的、探索基于 BIM 的

数字化成果交付、审查和存档管理。开展白图代蓝图和数字化审图试点、示范工作。完善工程竣工备案管理信息系统，探索基于 BIM 的工程竣工备案模式。

　　b　加强信息技术在工程质量安全管理中的应用

　　构建基于 BIM、大数据、智能化、移动通信、云计算等技术的工程质量、安全监管模式与机制。建立完善工程项目质量监管信息系统，对工程实体质量和工程建设、勘察、设计、施工、监理和质量检测单位的质量行为监管信息进行采集，实现工程竣工验收备案、建筑工程五方责任主体项目负责人等信息共享，保障数据可追溯，提高工程质量监管水平。建立完善建筑施工安全监管信息系统，对工程现场人员、机械设备、临时设施等安全信息进行采集和汇总分析，实现施工企业、人员、项目等安全监管信息互联共享，提高施工安全监管水平。

　　c　推进信息技术在工程现场环境、能耗监测和建筑垃圾管理中的应用

　　研究探索基于物联网、大数据等技术的环境、能耗监测模式，探索建立环境、能耗分析的动态监控系统，实现对工程现场空气、粉尘、用水、用电等的实时监测。建立建筑垃圾综合管理信息系统，实现项目建筑垃圾的申报、识别、计量、跟踪、结算等数据的实时监控，提升绿色建造水平。

　　C　重点工程信息化

　　大力推进 BIM、GIS 等技术在综合管廊建设中的应用，建立综合管廊集成管理信息系统，逐步形成智能化城市综合管廊运营服务能力。在海绵城市建设中积极应用 BIM、虚拟现实等技术开展规划、设计，探索基于云计算、大数据等的运营管理，并示范应用。加快 BIM 技术在城市轨道交通工程设计、施工中的应用，推动各参建方共享多维建筑信息模型进行工程管理。在"一带一路"重点工程中应用 BIM 进行建设，探索云计算、大数据、GIS 等技术的应用。

　　D　建筑产业现代化

　　加强信息技术在装配式建筑中的应用，推进基于 BIM 的建筑工程设计、生产、运输、装配及全生命期管理，促进工业化建造。建立基于 BIM、物联网等技术的云服务平台，实现产业链各参与方之间在各阶段、各环节的协同工作。

　　E　行业信息共享与服务

　　研究建立工程建设信息公开系统，为行业和公众提供地质勘察、环境及能耗监测等信息服务，提高行业公共信息利用水平。建立完善工程项目数字化档案管理信息系统，转变档案管理服务模式，推进可公开的档案信息共享。

1.2.3.3　专项信息技术应用

　　(1) 大数据技术。研究建立建筑业大数据应用框架，统筹政务数据资源和社会数据资源，建设大数据应用系统，推进公共数据资源向社会开放。汇聚整合和分析建筑企业、项目、从业人员和信用信息等相关大数据，探索大数据在建筑业创新应用，推进数据资产管理，充分利用大数据价值。建立安全保障体系，规范大数据采集、传输、存储、应用等各环节安全保障措施。

　　(2) 云计算技术。积极利用云计算技术改造提升现有电子政务信息系统、企业信息系统及软硬件资源，降低信息化成本。挖掘云计算技术在工程建设管理及设施运行监控等

方面的应用潜力。

（3）物联网技术。结合建筑业发展需求，加强低成本、低功耗、智能化传感器及相关设备的研发，实现物联网核心芯片、仪器仪表、配套软件等在建筑业中的集成应用。开展传感器、高速移动通信、无线射频、近场通信及二维码识别等物联网技术与工程项目管理信息系统的集成应用研究，开展示范应用。

（4）3D 打印技术。积极开展建筑业 3D 打印设备及材料的研究。结合 BIM 技术应用，探索 3D 打印技术运用于建筑部品、构件生产，开展示范应用。

（5）智能化技术。开展智能机器人、智能穿戴设备、手持智能终端设备、智能监测设备、3D 扫描等设备在施工过程中的应用研究，提升施工质量和效率，降低安全风险。探索智能化技术与大数据、移动通信、云计算、物联网等信息技术在建筑业中的集成应用，促进智慧建造和智慧企业发展。

1.2.3.4 信息化标准

强化建筑行业信息化标准顶层设计，继续完善建筑业行业与企业信息化标准体系，结合 BIM 等新技术应用，重点完善建筑工程勘察设计、施工、运维全生命期的信息化标准体系，为信息资源共享和深度挖掘奠定基础。

加快相关信息化标准的编制，重点编制和完善建筑行业及企业信息化相关的编码、数据交换、文档及图档交付等基础数据和通用标准。继续推进 BIM 技术应用标准的编制工作，结合物联网、云计算、大数据等新技术在建筑行业中的应用，研究制定相关标准。

1.3　BIM 技术的应用现状

1.3.1　BIM 技术在国外的应用

1.3.1.1　BIM 技术在美国的应用现状

美国是较早启动建筑业信息化研究的国家，发展至今，BIM 研究与应用都走在世界前列。目前，美国大多建筑项目已经开始应用 BIM，BIM 的应用点种类繁多，而且存在各种 BIM 协会，也出台了各种 BIM 标准。

据统计，美国 62% 以上的设计单位采用 BIM 设计技术，美国政府负责建设的项目，要求全部使用 BIM 技术。2012 年，北美大型建筑企业的 BIM 应用率达 91%，中型建筑企业为 86%，小型建筑企业为 49%；美国 BDC 公司 2012 年 7 月发布的报告显示，美国 AEC（Architectural, Engineering and Contracting Fields）行业的 300 强企业均已应用 BIM 技术，并获得了较高的回报。

关于美国 BIM 的发展，有以下三大 BIM 的相关机构：

（1）GSA。2003 年，美国总务署（General Service Administration, GSA）下属的公共建筑服务（Public Building Service）部门的首席设计师办公室（Office of the Chief Architect, OCA）推出了全国 3D-4D-BIM 计划。从 2007 年起，GSA 要求所有大型项目（招标级别）都需要应用 BIM，最低要求是空间规划验证和最终概念展示都需要提交 BIM 模型。所有 GSA 的项目都被鼓励采用 3D-4D-BIM 技术，并且根据采用这些技术的项目承包商的应用程序不同，给予不同程度的资金支持。目前 GSA 正在探讨在项目生命周期中应用 BIM 技术，包括空间规划验证、4D 模拟、激光扫描、能耗和可持续发展模拟、安全验证等，并陆续发布各领域的系列 BIM 指南，并在官网可供下载，对于规范和 BIM 在实际项目中的应用起到了重要作用。

（2）USACE。2006 年 10 月，美国陆军工程兵团（U. S. Army Crops of Engineers，US-ACE）发布了为期 15 年的 BIM 发展路线规划，为 USACE 采用和实施 BIM 技术制定战略规划，以提升规划、设计和施工质量及效率。规划中，USACE 承诺未来所有军事建筑项目都将使用 BIM 技术。USACE 的 BIM 发展图如图 1-6 所示。

初始操作能力	建立生命周期数据互用	完全操作能力	生命周期任务自动化
2008 年 8 个 COS（标准化中心）； BIM 具备生产能力	建立生命周期数据互用 90%； 符合美国 BIM 标准； 所有地区美国 BIM 标准具备生产能力	美国 BIM 标准作为所有项目合同公告、发包、提交的一部分	利用美国 BIM 标准数据，大大降低建设项目的成本和时间
2008 年	2010 年	2012 年	2020 年

图 1-6　USACE 的 BIM 发展图

（3）Building SMART 联盟。Building SMART 联盟（Building SMART Alliance，BSA）致力于 BIM 的推广与研究，使项目所有参与者在项目生命周期阶段能共享准确的项目信息。通过 BIM 收集和共享项目信息与数据，可以有效地节约成本、减少浪费。美国 BSA 的目标是在 2020 年之前，帮助建设部门节约 31% 的浪费或者节约 4 亿美元。BSA 下属的美国国家 BIM 标准项目委员会（National Building Information Model Standard Project Committee-United States，NBIMS-US），专门负责美国国家 BIM 标准（National Building Information Model Standard，NBIMS）的研究与制定。2007 年 12 月，NBIMS-US 发布了 NBIMS 的第一版的第一部分，主要包括关于信息交换和开发过程等方面的内容。2012 年 5 月，NBIMS-US 发布 NBIMS 的第二版的内容，第二版的编写过程采用了一个开放投稿（各专业 BIM 标准）、民主投票决定标准的内容（Open Consensus Process），因此，也被称为是第一份基于共识的 BIM 标准。

1.3.1.2　BIM 技术在英国的应用现状

2011 年英国 NBS 组织了全英的 BIM 调研，从网上 1000 份调研问卷中最终统计出英国的 BIM 应用状况。从统计结果发现：2010 年，仅有 13% 的人在使用 BIM，而 43% 的人从未听说过 BIM；2011 年，有 31% 的人在使用 BIM，48% 的人听说过 BIM，而 21% 的人对 BIM 一无所知。还可以看出，BIM 在英国的推广趋势十分明显，调查中有 78% 的人同意 BIM 是未来趋势，同时有 94% 的受访人表示会在 5 年之内应用 BIM。英国 BIM 使用情况如图 1-7 所示。

2011 年 5 月，英国内阁办公室发布了"政府建设战略"文件，其中关于建筑信息模型的章节中明确要求：2016 年，政府要求全面协同的 3D-BIM，并将全部的文件以信息化管理。政府要求强制使用 BIM 的文件得到了英国建筑业 BIM 标准委员会的支持。迄今为止，英国建筑业 BIM 标准委员会已于 2009 年 11 月发布了英国建筑业 BIM 标准，2011 年 6 月发布了适用于 Revit 的英国建筑业 BIM 标准，2011 年 9 月发布了适用于 Bentley 的英国

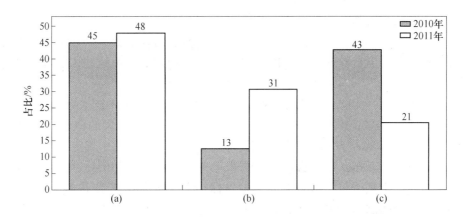

图 1-7　英国使用 BIM 的现状

（a）听说过 BIM 的人所占比率；（b）在使用 BIM 的人所占比率；（c）从未听说过 BIM 的人所占比率

建筑业 BIM 标准。

伦敦是众多全球领先设计企业的总部，如 Foster and Partners、Zaha Hadid Architects、BDP 和 Arup Sports；也是很多领先设计企业的欧洲总部，如 HOK、SOM 和 Gensler。在这样的环境下，其政府发布的强制使用 BIM 文件可以得到有效执行。因此，英国的 BIM 应用处于领先水平，发展速度更快。

1.3.1.3　BIM 技术在新加坡的应用现状

新加坡负责建筑业管理的国家机构是建筑管理署（以下简称 BCA），2011 年，BCA 发布了新加坡 BIM 发展路线规划，规划明确推动整个建筑业在 2015 年前广泛使用 BIM 技术。截至 2014 年年底，新加坡已出台了多个清除 BIM 应用障碍的主要策略，包括：2010 年 BCA 发布了建筑和结构的模板；2011 年 4 月发布了 M&E 的模板；与新加坡 Building SMART 分会合作，制定了建筑与设计对象库，并发布了项目协助指南。

为了鼓励早期的 BIM 应用者，BCA 为新加坡的部分注册公司成立了 BIM 基金，鼓励企业在建筑项目上把 BIM 技术纳入其工作流程，并运用在实际项目中。每家企业可申请总经费不超过 10.5 万新加坡元，涵盖大范围的费用支出，如培训成本、咨询成本、购买 BIM 硬件和软件等。基金分为企业层级和项目协作层级，公司层级最多可申请 2 万新加坡元，用以补贴培训、软件、硬件及人工成本；项目协作层级需要至少 2 家公司的 BIM 协作，每家公司、每个主要专业最多可申请 3.5 万新加坡元，用以补贴培训、咨询、软件及硬件和人力成本。申请的企业必须派员工参加 BCA 学院组织的有关 BIM 建模或管理技能的课程。

在创造需求方面，新加坡政府部门决定，在所有新建项目中明确提出使用 BIM 的要求。2011 年，BCA 与一些政府部门合作确立了示范项目。BCA 将强制要求提交建筑 BIM 模型（2013 年起）、结构与机电 BIM 模型（2014 年起），并且最终在 2015 年前实现所有建筑面积大于 $5000m^2$ 的项目都必须提交 BIM 模型的目标。

1.3.1.4　BIM 技术在北欧国家的应用现状

北欧国家包括挪威、丹麦、瑞典和芬兰，是一些主要的建筑业信息技术的软件厂商所在地，如 Tekla 和 Solibri，而且对发源于邻近匈牙利的 ArchiCAD 的应用率也很高。这些国家是全球最先一批采用基于模型设计的国家，并且也在推动建筑信息技术的互用性和开放标准（主要指 IFC）。由于北欧国家冬季漫长多雪的地理环境，建筑的预制化显得非常重要，这也促进了包含丰富数据、基于模型的 BIM 技术的发展，使这些国家及早地进行了 BIM 部署。

与上述国家不同，北欧 4 国政府并未强制要求使用 BIM，BIM 技术的发展主要是企业的自觉行为。Senate Properties 是一家芬兰国有企业，也是荷兰最大的物业资产管理公司。2007 年，Senate Properties 发布了一份建筑设计的 BIM 要求，要求中规定：“自 2007 年 10 月 1 日起，Senate Properties 的项目仅强制要求建筑设计部分使用 BIM，其他设计部分可根据项目情况自行决定是否采用 BIM 技术，但目标是全面使用 BIM。”该要求还提出：“在设计招标阶段将有强制的 BIM 要求，这些 BIM 要求将成为项目合同的一部分，具有法律约束力。建议在项目协作时，建模任务需创建通用的视图，需要准确的定义，需要提交最终 BIM 模型，且建筑结构与模型内部的碰撞需要进行存档。建模流程分为 4 个阶段：Spatial Group BIM、Spatial BIM、Preliminary Building Element BIM 和 Building Element BIM。”

1.3.1.5　BIM 技术在日本的应用现状

在日本，有“2009 年是日本的 BIM 元年”之说。大多数的日本设计公司、施工企业开始应用 BIM，而日本国土交通省也在 2010 年 3 月表示：已选择一项政府建设项目作为试点，探索 BIM 在设计可视化、信息整合方面的价值及实施流程。

2010 年秋天，日经 BP 社调研了 517 位设计院、施工企业及相关建筑行业从业人士，了解他们对于 BIM 的认知度与应用情况。结果显示，BIM 的知晓度从 2007 年的 30.2% 提升到 2010 年的 76.4%。日本企业应用 BIM 的原因如图 1-8 所示。

此外，日本建筑学会于 2012 年 7 月发布了日本 BIM 指南，从 BIM 团队建设、BIM 数据处理、BIM 设计流程、应用 BIM 进行预算、模拟等方面为日本的设计院和施工企业应用 BIM 提供了指导。

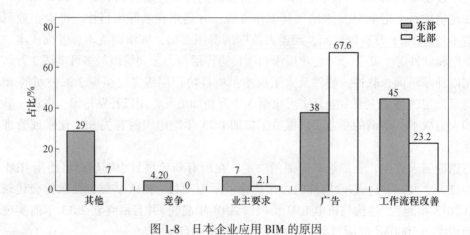

图 1-8　日本企业应用 BIM 的原因

1.3.1.6　BIM 技术在韩国的应用现状

Building SMART Korea 与延世大学 2010 年组织了关于 BIM 的调研，问卷调查表共发给 89 个 AEC 领域的企业，其中 34 个企业给出了答复；26 个公司反映已经在项目中采用 BIM 技术；3 个企业反映准备采用 BIM 技术；4 个企业反映尽管某些项目已经尝试 BIM 技术，但是还没有准备开始在公司范围内采用 BIM 技术。

韩国在运用 BIM 技术上十分领先，多个政府部门都致力于制定 BIM 标准。例如，韩国公共采购服务中心（PPS）是韩国所有政府采购服务的执行部门。2010 年 4 月，PPS 发布了 BIM 路线图，内容包括：2010 年，在 1~2 个大型工程项目应用 BIM；2011 年，在 3~4 个大型工程项目应用 BIM；2012~2015 年，超过 50 亿韩元大型工程项目都采用 4D-BIM 技术；2016 年前，全部公共工程应用 BIM 技术。

韩国主要的建筑公司已经都在积极采用 BIM 技术，如现代建设、三星建设、空间综合建筑事务所、大宇建设、GS 建设、Daelim 建设等公司。其中，Daelim 建设公司应用 BIM 技术到桥梁的施工管理中，BMIS 公司利用 BIM 软件 digital project 对建筑设计阶段以及施工阶段的一体化的研究和实施等。

1.3.1.7　BIM 技术在德国的应用现状

根据美国 McGraw Hill Construction 公司 2010 年的调查报告，2010 年德国 BIM 应用率为 36%，且国产 BIM 软件占主导地位。

1.3.2　BIM 技术在我国的应用

近来，BIM 在我国建筑业形成一股热潮，除了前期软件厂商的大声呼吁外，政府相关单位、各行业协会与专家、设计单位、施工企业、科研院校等也开始重视并推广 BIM。

2003 年，美国 Bentley 公司在中国 Bentley 用户大会上推广 BIM，这是我国最早推广 BIM 的活动。2004 年，美国 Autodesk 公司推出"长城计划"的合作项目，与清华大学、同济大学、华南理工大学、哈尔滨工业大学四所在国内建筑业有重要地位的著名大学合作组建"BLM-BIM 联合实验室"。

在行业协会方面，2010 年和 2011 年，中国房地产业协会商业地产专业委员会、中国建筑业协会工程建设质量管理分会、中国建筑学会工程管理研究分会、中国土木工程学会计算机应用分会，组织并发布了《中国商业地产 BIM 应用研究报告 2010》和《中国工程建设 BIM 应用研究报告 2011》，一定程度上反映了 BIM 在我国工程建设行业的发展现状。根据两届的报告，对于 BIM 的知晓程度从 2010 年的 60% 提升至 2011 年的 87%。2011 年，共有 39% 的单位表示已经使用了 BIM 相关软件，而其中以设计单位居多。

在科研院校方面，早在 2010 年，清华大学通过研究，参考 NBIMS，结合调研提出了中国建筑信息模型标准框架（简称 CBIMS），并且创造性地将该标准框架分为面向 IT 的技术标准与面向用户的实施标准。

在产业界，前期主要是设计院、施工单位、咨询单位等对 BIM 进行一些尝试。最近几年，业主对 BIM 的认知度也在不断提升，SOHO 董事长潘石屹已将 BIM 作为 SOHO 未来三大核心竞争力之一；万达、龙湖等大型房产商也在积极探索应用 BIM；上海中心、上海迪士尼等大型项目要求在全生命周期中使用 BIM，BIM 已经是企业参与项目的门槛；其他项目中也逐渐将 BIM 写入招标合同，或者将 BIM 作为技术标的重要亮点。国内大中小型设计院在 BIM 技术的应用上也日臻成熟，国内大型工业与民用建筑企业也开始争相发展企业内部的 BIM 技术应用，山东省内建筑施工企业如青建集团股份、山东天齐集团、潍坊昌大集团等已经开始推广 BIM 技术应用。BIM 在国内的成功应用有奥运村空间规划及物资管理信息系统、南北水调工程、香港地铁项目等。目前来说，大中型设计企业基本上拥有专门的 BIM 团队，有一定的 BIM 实施经验；施工企业起步略晚于设计企业，不过很多大型施工企业也开始了对 BIM 的实施与探索，并有一些成功案例；运维阶段目前的 BIM 还处于探索研究阶段。

2011 年 5 月，住房和城乡建设部（简称住建部）发布的《2011—2015 年建筑业信息化发展纲要》（建质〔2011〕67 号）中明确指出：在施工阶段开展 BIM 技术的研究与应用，推进 BIM 技术从设计阶段向施工阶段的应用延伸，降低信息传递过程中的衰减；研究基于 BIM 技术的 4D 项目管理信息系统在大型复杂工程施工过程中的应用，实现对建筑工程有效的可视化管理等。

2014 年 7 月 1 日，住建部发布的《关于推进建筑业发展和改革的若干意见》（建市〔2014〕92 号）中要求，提升建筑业技术能力，推进建筑信息模型（BIM）等信息技术于工程设计、施工和运行维护全过程的应用，提高综合效益。

2014 年 9 月 12 日，住建部信息中心发布《中国建筑施工行业信息化发展报告（2014）BIM 应用与发展》。该报告全面、客观、系统地分析了施工行业 BIM 技术应用的现状，归纳总结了在项目全过程中如何应用 BIM 技术提高生产效率、带来管理效益，收集和整理了行业内的 BIM 技术最佳实践案例，为 BIM 技术在施工行业的应用和推广提供了有利的支撑。

2014 年 10 月 29 日，上海市政府转发上海市建设管理委员会《关于在上海推进建筑信息模型技术应用的指导意见》（沪府办〔2014〕58 号，以下简称《指导意见》），首次从政府行政层面大力推进 BIM 技术的发展。为贯彻落实《指导意见》，上海市建筑信息模型技术应用推广联席会议办公室会同各成员单位研究制定了《上海市推进建筑信息模型技术应用三年行动计划（2015—2017）》，通过 2015 年至 2017 年三年分阶段、分步骤推进建筑信息模型技术应用。

广东省住建厅 2014 年 9 月 3 日发出《关于开展建筑信息模型 BIM 技术推广应用的通知》（粤建科函〔2014〕1652 号），要求 2014 年底启动 10 项 BIM；2016 年底政府投资 2 万平方米以上公建以及申报绿建项目的设计、施工应采用 BIM，省优良样板工程、省新技术示范工程、省优秀勘察设计项目在设计、施工、运营管理等环节普遍应用 BIM；2020 年底 2 万平方米以上建筑工程普遍应用 BIM。

深圳市住建局 2011 年 12 月公布的《深圳市勘察设计行业"十二五"专项规划》提出"推广运用 BIM 等新兴协同设计技术"。为此，深圳市成立了深圳工程设计行业 BIM 工作委员会，编制出版《深圳市工程设计行业 BIM 应用发展指引》，牵头开展 BIM 应用项目试点及单位示范评估；促使将 BIM 应用推广计划写入政府工作白皮书和《深圳市建设工程质量提升行动方案〔2014—2018〕》。深圳市建筑工务署根据 2013 年 9 月 26 日深圳市政府办公厅发出的《智慧深圳建设实施方案（2013—2015）》的要求，全面开展 BIM 应用工作。2014 年 9 月 5 日，深圳市决定在全市开展为期 5 年的工程质量提升行动，将推行首席质量官制度、新建建筑 100%执行绿色建筑标准；在工程设计领域鼓励推广 BIM 技术，力争 5 年内 BIM 技术在大中型工程项目的覆盖率达到 10%。

山东省政府办公厅 2014 年 9 月 9 日发布的《关于进一步提升建筑质量的意见》，要求推广 BIM 技术。

2015 年 6 月 16 日，住建部发布的《关于推进建筑信息模型应用指导意见》中要求，以工程建设法律法规、技术标准为依据，坚持科技进步和管理创新相结合，在建筑领域普及和深化 BIM 应用，提高工程项目全生命期各参与方的工作质量和效率，保障工程建设优质、安全、环保、节能。

2016 年 8 月 23 日，住建部发布的《2016—2020 年建筑业信息化发展纲要》中明确指出，"十三五"时期，全面提高建筑业信息化水平，着力增强 BIM、大数据、智能化、移动通信、云计算、物联网等信息技术集成应用能力，建筑业数字化、网络化、智能化取得突破性进展，初步建成一体化行业监管和服务平台，数据资源利用水平和信息服务能力明显提升，形成一批具有较强信息技术创新能力和信息化应用达到国际先进水平的建筑企业以及具有关键自主知识产权的建筑业信息技术企业。

工程建设是一个典型的具备高投资与高风险要素的资本集中过程，一个质量不佳的建筑工程不仅造成投资成本的增加，还将严重影响运营生产，工期的延误也将带来巨大的损失。BIM 技术可以有效避免因不完备的建造文档、设计变更或不准确的设计图纸而造成的每一个项目交付的延误及投资成本的增加。它的协同功能能够支持工作人员可以在设计的过程中看到每一步的结果，并通过计算检查建筑是否节约了资源，或者说利用信息技术来考量对节约资源产生多大的影响。它不仅使得工程建设团队在实物建造完成前预先体验工程，更产生一个智能的数据库，提供贯穿于建筑物整个生命周期中的支持。它能够让每一个阶段都更透明、预算更精准，更可以被当作预防腐败的一个重要工具，特别是运用在政府工程中。值得一提的是我国第一个全 BIM 项目——总高 632m 的"上海中心"（见图 1-9），通过 BIM 提升了规划管理水平和建设质量，据有关数据显示，其材料损耗从原来的 3%降低到万分之一。

图 1-9　BIM 技术应用案例——上海中心

中国香港地区的 BIM 发展也主要靠行业自身的推动。早在 2009 年，香港便成立了香港 BIM 学会。2010 年时，香港 BIM 学会主席梁志旋表示，香港的 BIM 技术应用目前已经完成从概念到实用的转变，处于全面推广的最初阶段。

香港房屋署自 2006 年起，已率先试用 BIM。为了成功地推行 BIM，自行订立了 BIM 标准、用户指南、组建资料库等设计指引和参考。这些资料有效地为模型建立、管理档案以及用户之间的沟通创造了良好的环境。2009 年 11 月，香港房屋署发布了 BIM 应用标准。

根据 2012 年的资料，自 2006 年起香港房屋委员会已在超过 19 个公屋发展项目中的不同阶段（包括由可行性研究至施工阶段）应用了 BIM 技术，并计划在 2014 年至 2015 年，将 BIM 技术应用作为所有房屋项目设计必须采用的技术。BIM 技术应用案例——香港某火车站，如图 1-10 所示。

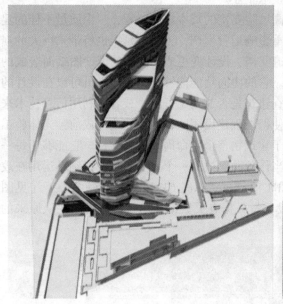

图 1-10　BIM 技术应用案例——香港某火车站

中国台湾地区的 BIM 发展也有自身的特点。早在 2007 年，台湾大学与 Autodesk 签订了产学合作协议，重点研究 BIM 及动态工程模型设计。2009 年，台湾大学土木工程系成立了"工程信息仿真与管理研究中心"（简称 BIM 研究中心），建立技术研发、教育训练、产业服务与应用推广的服务平台，促进 BIM 相关技术与应用的经验交流、成果分享、人才培训与产官学研合作。为了调整及补充现有合同内容在应用 BIM 上的不足，BIM 中心与台湾淡江大学工程法律研究发展中心合作，并在 2011 年 11 月出版了《工程项目应用建筑信息模型之契约模板》一书，特别提供合同范本与说明，让用户能更清楚了解各项条文的目的、考虑重点与参考依据。高雄应用科技大学土木系也于 2011 年成立了工程资讯整合与模拟研究中心。此外，台湾交通大学、台湾科技大学等对 BIM 进行了广泛的研究，极大地推动了台湾对于 BIM 的认知与应用。

台湾一方面对于建筑产业界，希望其自行引进 BIM 应用，对于新建的公共建筑和公有建筑，则要求在设计阶段与施工阶段都以 BIM 完成；另一方面，台北市、新北市、台中市这 3 个市的建筑管理单位为了提高建筑审查的效率，正在学习新加坡的 eSummision，要求设计单位申请建筑许可时必须提交 BIM 模型；委托公共资讯委员会研拟编码工作，参照美国 Master Format 的编码，根据台湾地区性现况制作编码内容。台北市于 2010 年启动了"建造执照电脑辅助查核及应用之研究"，并先后公开举办了三场专家座谈会。2011年和 2012 年，台北市又举行了"建造执照应用 BIM 辅助审查研讨会"，从不同方面就台北市的研究专案说明、推动环境与策略、应用经验分享、工程法律与产权等课题提出专题报告并进行研讨。这被业内喻为"2012 台北 BIM 愿景"。

复习思考题

1-1 简述建筑业的概念。

1-2 简述建筑业的特点。

1-3 怎样判断建筑业在国民经济中的地位？

1-4 怎样判断建筑业是关联度较强的支柱性产业？

1-5 简述建筑业信息化的概念。

1-6 简述建筑业信息化的内容。

1-7 简述建筑业信息化带给勘察设计类企业的影响。

1-8 简述建筑业信息化带给施工类企业的影响。

1-9 简述建筑业信息化带给工程总承包类企业的影响。

1-10 简述建筑业信息化带给建筑业市场监管部门的影响。

1-11 简述建筑业信息化对建筑业市场人才需求方面的影响。

1-12 简述建筑业信息化未来的发展。

1-13 简述 BIM 在欧美国家的应用情况。

1-14 简述 BIM 在亚洲国家的应用情况。

1-15 简述 BIM 在我国的应用情况。

1-16 简述 BIM 在我国南方城市的应用情况。

1-17 简述 BIM 在我国的应用案例。

1-18 简述 BIM 在上海中心大厦的应用情况。

1-19 工程项目应用 BIM 会带来哪些好处？

1-20 谈谈你所在城市建筑企业对 BIM 的了解、认识。

1-21 谈谈你对 BIM 的了解情况。

2 **BIM 技术的基础知识**

2.1 BIM 技术的内涵

2.1.1 BIM 技术的由来

BIM 的全称是"Building Information Modeling（建筑信息模型）"，这项技术被称为"革命性"的技术，它的理论基础主要源于制造行业 CAD、CAM 于一体的计算机集成制造系统 CIMS（Computer Integrated Manufacturing System）理念和基于产品数据管理 PDM 与 STEP 标准的产品信息模型。BIM 是近十年在原有 CAD 技术基础上发展起来的一种多维（三维空间、四维时间、五维成本、N 维更多应用）模型信息集成技术，可以使建设项目的所有参与方（包括政府主管部门、业主、设计、施工、监理、造价、运营管理、项目用户等）在项目从概念产生到完全拆除的整个生命周期内，都能够在模型中操作信息和在信息中操作模型，从而根本上改变了从业人员依靠符号文字、形式图纸进行项目建设和运营管理的工作方式，实现了在建设项目全生命周期内提高工作效率和质量以及减少错误和降低风险的目标。

BIM 作为对包括工程建设行业在内的多个行业的工作流程、工作方法的一次重大思索和变革，其雏形最早可追溯到 20 世纪 70 年代。查克伊士曼博士（Chuck Eastman，Ph. D）在 1975 年提出了 BIM 的概念；在 20 世纪 70 年代末至 80 年代初，英国也在进行类似 BIM 的研究与开发工作，当时，欧洲习惯把它称为"产品信息模型（Product Information Model）"，而美国通常称之为"建筑产品模型（Building Product Model）"。

1986 年罗伯特·艾什（Robert Aish）发表的一篇论文中，第一次使用"Building Information Modeling"一词，他在这篇论文中描述了今天我们所知的 BIM 论点和实施的相关技术。

21 世纪前的 BIM 研究由于受到计算机硬件与软件水平的限制，BIM 仅能作为学术研究的对象，很难在工程实际应用中发挥作用。

进入 21 世纪以后，计算机软硬件水平的迅速发展以及对建筑生命周期的深入理解，推动了 BIM 技术的不断前进。自 2002 年，BIM 这一方法和理念被提出并推广之后，BIM 技术变革风潮便在全球范围内席卷开来。

2.1.2 BIM 技术的定义

2002 年，时任美国 Autodesk 公司副总裁菲利普·伯恩斯坦（Philip G. Bernstein）首次在世界上提出"Building Information Modeling"这个新的建筑信息技术名词术语，于是它的缩写"BIM"也作为一个新术语应运而生。

2004 年，Autodesk 公司印发了一本官方教材 *Building Information Modeling with Autodesk Revit*，该教材导言的第一句话就说："BIM 是一个从根本上改变了计算在建筑设计中的作用的过程。"而 BIM 的提出者、Autodesk 公司副总裁伯恩斯坦在 2005 年为《信息化建筑设计》一书撰写的序言是这样介绍 BIM 的："BIM 是对建筑设计和施工的创新。它的特点是为设计和施工中建设项目建立和使用互相协调的、内部一致的及可运算的信息。"对照关于 BIM 的这两段介绍，都只是涉及 BIM 的特点而没有涉及其本质。

2005 年出版的《信息化建筑设计》这本书对 BIM 是这样阐述的："建筑信息模型，是以 3D 技术为基础，集成了建筑工程项目各种相关的工程数据模型，是对该工程项目相关信息详尽的数字化表达。建筑信息模型同时又是一种应用于设计、建造、管理的数字化方法，这种方法支持建筑工程的集成管理环境，可以使建筑工程在整个进程中显著提高效率和大量减少风险。"

2007 年 4 月，我国的建筑工业行业标准《建筑对象数字化定义》（JG/T 198—2007）颁布。该标准把建筑信息模型（Building Information Model）定义为："建筑信息完整协调的数据组织，便于计算机应用程序进行访问、修改或添加。这些信息包括按照开放工业标准表达的建筑设施的物理和功能特点及其相关的项目或全生命周期信息。"

美国总承包商协会（Associated General Contractors，AGC）通过其编制的《BIM 指南》（The Contractors' Guide to BIM，Edition1）发布了 AGC 关于建筑信息模型的定义："Building Information Model 是一个数据丰富的、面向对象的、智能化和参数化的关于设施的数字化表示，该视图和数据适合不同用户的需要，从中可以提取和分析所产生的信息，这些信息可用于作出决策和改善设施交付的过程。"AGC 的这个定义，强调了应用 BIM 是要把信息用于作出决策支持和改善设施交付的过程。

到了 2007 年年底，NBIMS-US V1（美国国家 BIM 标准第一版）正式颁布，该标准对 Building Information Model（BIM）和 Building Information Modeling（BIM）都给出了定义。

其中对前者的定义为："Building Information Model 是设施的物理和功能特性的一种数字化表达。因此，它从设施的生命周期开始就作为其形成可靠的决策基础信息的共享知识资源。"而对后者的定义为："Building Information Modeling 是一个建立设施电子模型的行为，其目标为可视化、工程分析、冲突分析、规范标准检查、工程造价、竣工的产品、预算编制和许多其他用途。"

值得注意的是，NBIMS-US V1 的前言关于 BIM 有一段精彩的论述："BIM 代表新的概念和实践，它通过创新的信息技术和业务结构，将大大消除在建筑行业的各种形式的浪费和低效率。无论是用来指一个产品——Building Information Model（描述一个建筑物的结构化的数据集），还是一个活动——Building Information Modeling（创建建筑信息模型的行为），或者是一个系统——Building Information Management（提高质量和效率的工作以及通信的业务结构），BIM 是一个减少行业废料、为行业产品增值、减少环境破坏、提高居住者使用性能的关键因素。"

NBIMS-US V1 关于 BIM 的上述论述引发了国际学术界的思考，国际上关于 BIM 最权威的机构是 BSI，其网站上有一篇文章题为《用开放的 BIM 不断发展 BIM》（The BIM EvolutionContinues with OPEN BIM），该文也发表了类似的观点，这篇文章对"什么是 BIM"是这样论述的：

BIM 是一个缩写，代表三个独立但相互联系的功能：

Building Information Modeling：是一个在建筑物生命周期内设计、建造和运营中产生和利用建筑数据的业务过程。BIM 让所有利益相关者有机会通过技术平台之间的互用性同时获得同样的信息。

Building Information Model：是设施的物理和功能特性的数字化表达。因此，它作为设施信息共享的知识资源，在其生命周期中从开始起就为决策形成了可靠的依据。

Building Information Management：是对在整个资产生命周期中，利用数字原型中的信息实现信息共享的业务流程的组织与控制。其优点包括集中的、可视化的通信，多个选择的早期探索，可持续发展的、高效的设计，学科整合，现场控制，竣工文档等，使资产的生命周期过程与模型从概念到最终退出都得到有效的发展。

综上所述，BIM 技术的含义包括以下三个方面：

（1）BIM 是设施所有信息的数字化表达，是一个可以作为设施虚拟替代物的信息化电子模型，是共享信息的资源，即 Building Information Model，称为 BIM 模型。

（2）BIM 是在开放标准和互用性基础之上建立、完善和利用设施的信息化电子模型的行为工程，即 Building Information Modeling，称为 BIM 建模。

（3）BIM 是一个透明的、可重复的、可核查的、可持续的协同工作环境，在这个环境中，各参与方在设施全生命周期中都可以及时联络，共享项目信息，并通过分析信息，作出决策和改善设施的交付工程，使项目得到有效的管理。Building Information Management 称为建筑信息管理。

2.1.3　BIM 技术的特点

BIM 技术有如下四方面的特点：

（1）操作的可视化。可视化是 BIM 技术最显而易见的特点。现在建筑物的规模越来越大，空间划分越来越复杂，人们对建筑物功能的要求也越来越高。面对这些问题，如果没有可视化手段，只是靠设计师的头脑来记忆、分析是不可能的。BIM 技术的出现为可视化操作开辟了广阔的前景，其附带的构件信息（几何信息、关联信息、技术信息等）为可视化操作提供了有力的支持，不但使一些比较抽象的信息（如应力、温度、热舒适性）可以用可视化方式表达出来，还可以将设施建设过程及各种相互关系动态地表现出来。可视化操作为项目团队进行的一系列分析提供了方便，有利于提高生产效率、降低生产成本和提高工程质量。

（2）信息的完备性。BIM 是设施的物理和功能特性的数字化表达，包含设施的全面信息。BIM 技术可对工程对象进行 3D 几何信息和拓扑关系的描述，还包括完整的工程信息描述，如对象名称、结构类型、建筑材料、工程性能等设计信息；施工工序、进度、成本、质量以及人力、机械、材料资源等施工信息；工程安全性能、材料耐久性能等维护信息；对象之间的工程逻辑关系等。

信息的完备性还体现在 Building Information Modeling 这一创建建筑信息模型行为的过程，在这个过程中，设施的前期策划、设计、施工、运营维护各个阶段都连接了起来，把各阶段产生的信息都存储进 BIM 模型中，使得 BIM 模型的信息来自单一的工程数据源，BIM 模型内的所有信息均以数字化形式保存在数据库中，以便更新和共享。

信息的完备性使得 BIM 模型能够具有良好的基础条件，支持可视化操作、优化分析、模拟仿真等功能，为在可视化条件下进行各种优化分析（体量分析、空间分析、采光分析、能耗分析、成本分析等）和模拟仿真（碰撞检测、虚拟施工、紧急疏散模拟等）提供了方便的条件。

（3）信息的协调性。协调性体现在两个方面：一是在数据之间创建实时的、一致性的关联，对数据库中数据的任何更改，都马上可以在其他关联的地方反映出来；二是在各构件实体之间实现关联显示、智能互动。

对设计师来说，设计建立起的信息化建筑模型就是设计的成果，至于各种平、立、剖 2D 图纸以及门窗表等图表都可以根据模型随时生成。而且在任何视图（平面图、立面图、剖视图）上对模型的任何修改，都视同为对数据库的修改，会马上在其他视图或图表上关联的地方反映出来，而且这种关联变化是实时的。这样就保持了 BIM 模型的完整性和健壮性，在实际生产中就大大提高了项目的工作效率，消除了不同视图之间的不一致现象，保证项目的工程质量。

这种关联变化还表现在各构件实体之间可以实现关联显示、智能互动。例如，模型中的屋顶是和墙相连的，如果要把屋顶升高，墙的高度就会随即跟着变高。这种关联显示、智能互动表明了 BIM 技术能够支持对模型的信息进行计算和分析，并生成相应的图形及文档。

信息的协调性使得 BIM 模型中各个构件之间具有良好的协调性。这种协调性为建设工程带来了极大的方便。例如，在设计阶段，不同专业的设计人员可以通过应用 BIM 技术发现彼此不协调甚至引起冲突的地方，及早修正设计，避免造成返工与浪费。在施工阶段，可以通过应用 BIM 技术合理地安排施工计划，保证整个施工阶段衔接紧密、合理，使施工能够高效地进行。

（4）信息的互用性。实现互用性就是 BIM 模型中所有数据只需要一次性采集或输入，就可以在整个设施的全生命周期中实现信息的共享、交换与流动，使 BIM 模型能够自动演化，避免了信息不一致的错误。在建设项目不同阶段免除对数据的重复输入，可以大大降低成本、节省时间、减少错误、提高效率。

正是 BIM 技术这四大特点大大改变了传统建筑业的生产模式。利用 BIM 模型，使建筑项目的信息在其全生命周期中实现无障碍共享，无损耗传递，为建筑项目全生命周期中的所有决策及生产活动提供可靠的信息基础。BIM 技术较好地解决了建筑全生命周期中多工种、多阶段的信息共享问题，使整个工程的成本大大降低、质量和效率显著提高，为传统建筑业在信息时代的发展展现了光明的前景。

2.1.4 BIM 技术的优势

BIM 技术的优势具体如下：

（1）优势之一：可视化设计。基于 BIM 设计成果的效果图、虚拟漫游、仿真模拟等多种项目展示手段，可以让各参与方对项目本身进行深度直观的了解（见图 2-1）。

（2）优势之二：关联修改设计。BIM 模型的几何与参数联动特性，使得模型与模型之间、模型与视图之间、模型与统计数据之间保持实时关联，从而实现一处修改处处更新，提高设计和修改效率（见图 2-2）。

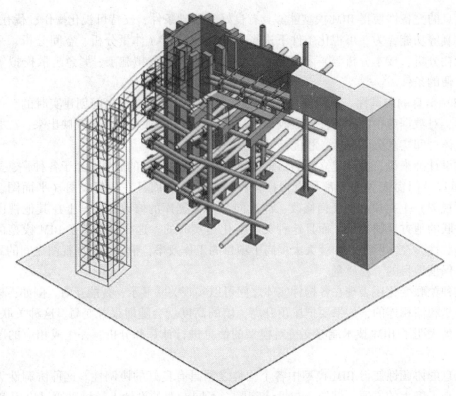

图 2-1　BIM 技术可视化设计

图 2-2　BIM 技术关联修改示意图

（3）优势之三：参数化设计。参数化设计的意义在于将建筑构件和设备的各种真实属性通过参数的形式进行模拟，并进行相关的数据统计和模拟分析计算。通过参数调整，可驱动构件形体发生改变以及性能模拟比较，满足设计要求（见图 2-3）。

图 2-3　BIM 技术参数化设计

（4）优势之四：任务划分与管理。设计工作重心前置，重新优化各专业间的工作界面，同时优化管理效率和管理流程，增强项目风险控制能力，实现精细化管理（见图 2-4）。

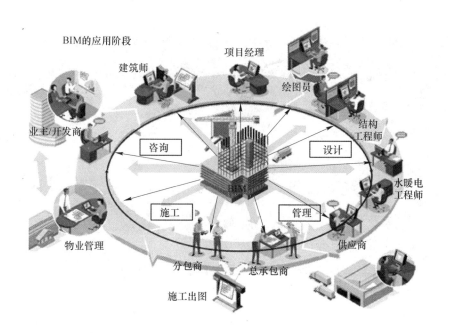

图 2-4　BIM 技术任务划分管理示意图

（5）优势之五：协同设计。基于相同 BIM 设计平台的多专业多团队协同设计工作模式，辅以实时协同、阶段性协同、三维校审的工作方法，及时解决各种错漏碰缺，提高设计质量（见图 2-5）。

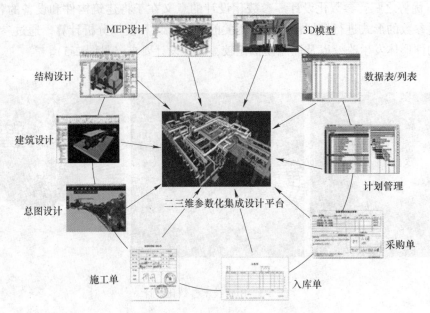

图 2-5　BIM 技术下的协同工作

（6）优势之六：三维设计交付。目前基于 BIM 模型生成的高质量二维施工图纸，以及全套 BIM 设计及浏览模型的三维设计交付模式，将成为未来全三维 BIM 交付模式的过渡阶段（见图 2-6）。

图 2-6　BIM 技术三维交付设计示意图

（7）优势之七：性能分析。基于 BIM 设计成果的光照、能耗、风环境、消防疏散、可视度等建筑性能分析，为设计优化提供了依据，消除未来使用中可能存在的隐患（见图 2-7）。

（8）优势之八：远程与移动平台工作。基于互联网及云技术的移动终端（智能手机、平板电脑等）和数据管理平台，打破了空间、地域对设计工作的限制，提高了工作效率（见图 2-8）。

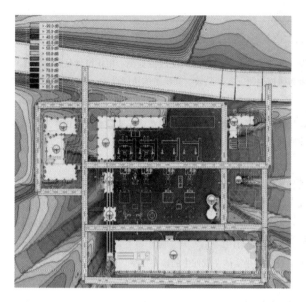

图 2-7 建筑性能分析示意图

图 2-8 BIM 技术远程移动平台工作示意图

2.2 BIM 技术的应用软件

2.2.1 BIM 技术软件与传统建筑软件的区别

BIM 软件与传统建筑软件的区别概括为 14 个方面，如表 2-1 所示。

表 2-1 BIM 软件与传统建筑软件的区别

序号	对比方面	对 比 结 果
1	设计信息在整个设计过程中的传递关系	二维设计软件的信息在不同阶段及不同专业间的传递有损失；而三维 BIM 设计软件可实现信息更有效地传递
2	设计工作量、设计过程的重心变化关系	为保证设计质量，二维设计软件人员的大量时间用在协调和对图上，后期修改工作量大；而三维 BIM 设计软件设计工作量前移，重点在方案比选和技术优化，一旦模型关联关系建立，修改便利
3	计算与绘图的融合修改关系	二维设计软件的专业计算基本与绘图脱节；而三维 BIM 设计软件将计算与绘图融合，做到一处修改，处处更新
4	二维图块与真实产品数据库的关系	二维 CAD 图块仅表达外形，相关数据缺失；三维 BIM 可提供"数形合一"的构件库
5	设备数据与工作状态模拟的关系	二维设计软件无法进行设备工作状态模拟；三维 BIM 通过设备构件信息，可准确模拟设备的工作状态
6	平面、立面及剖面的对应关系	二维设计软件的平面、立面及剖面相互对应是一个难题；而 BIM 设计软件可以实现模型和视图之间自动关联与更新

续表 2-1

序号	对比方面	对 比 结 果
7	机电管线碰撞检测与综合的关系	二维设计软件的机电管线难以实现碰撞检测；BIM 设计软件通过机电管线综合与碰撞检测，实现高效、高质量的协同设计
8	机电管线与建筑结构的配合关系	二维设计软件很容易产生碰撞，并浪费建筑有效空间；BIM 设计软件通过专业协同设计，减少碰撞，实现建筑空间的有效利用
9	机电管线预留洞与土建预留洞的配合关系	二维设计软件的机电管道与土建预留洞经常冲突和不一致；BIM 设计软件通过专门的预留洞功能，实现实时的预留洞协同设计
10	设计信息与图形的融合关系	二维设计软件的 CAD 是"点、线、圆"组合和叠加，信息易丢失；而三维 BIM 设计软件是实体在软件中的虚拟模型，信息完整
11	一维、二维、三维的信息融合关系	二维设计软件绘制一维图和二维图没有任何联系；而 BIM 设计软件使一维、二维、三维及信息完全融合成为可能
12	工程量及材料数量统计的准确性关系	二维设计软件的工程量及材料量的统计准确度偏低；BIM 设计软件的统计信息是从虚拟模型中提取的，准确可信
13	设计质量的对比关系	二维设计软件受功能所限，很难在一般性层面设计质量上有所突破；BIM 设计软件从协同设计上保证了设计质量，使设计结果更加可靠
14	设计信息的流动与传递关系	二维设计软件受平台和格式所限，无法实现设计结果和信息传递；而 BIM 设计软件保证了模型和信息的传递

2.2.2　BIM 技术软件应用背景

欧美建筑业已经普遍使用 Autodesk Revit 系列、Benetly Building 系列，以及 Graphsoft 的 ArchiCAD 等，而我国对基于 BIM 技术本土软件的开发尚属初级阶段，主要有天正、鸿业、博超等开发的 BIM 核心建模软件，中国建筑科学研究院的 PKPM、上海和北京广联达等开发的造价管理软件等，而对于除此之外的其他 BIM 技术相关软件，如 BIM 方案设计软件、与 BIM 接口的几何造型软件、可视化软件、模型检查软件及运营管理软件等的开发基本处于空白中。国内一些研究机构和学者对于 BIM 软件的研究和开发，在一定程度上推动了我国自主知识产权 BIM 软件的发展，但还没有从根本上解决此问题。因此，在国家"十一五"的科技支撑计划中便开展了对于 BIM 技术的进一步研究，清华大学、中国建筑科学研究院、北京航空航天大学共同承接的"基于 BIM 技术的下一代建筑工程应用软件研究"项目，目标是将 BIM 技术和 IFC 标准应用于建筑设计、成本预测、建筑节能、施工优化、安全分析、耐久性评估和信息资源利用 7 个方面。

针对主流 BIM 软件的开发点主要集中在以下几个方面：

（1）BIM 对象的编码规则（WBS/EBS 考虑不同项目和企业的个性化需求以及与其他工程成果编码规则的协调）；

（2）BIM 对象报表与可视化的对应；

（3）变更管理的可追溯与记录；

（4）不同版本模型的比较和变化检测；

（5）各类信息的快速分组统计（如不再基于对象、基于工作包进行分组，以便于安排库存）；

（6）不同信息的模型追踪定位；

（7）数据和信息分享；

（8）使用非几何信息修改模型。国内一些软件开发商如天正、广联达、软件、理正、鸿业、博超等也都参与了 BIM 软件的研究，并对 BIM 技术在我国的推广与应用做出了极大的贡献。

BIM 软件在我国本土的研究和应用也已初见成效，在建筑设计、三维可视化、成本预测、节能设计、施工管理及优化、性能测试与评估、信息资源利用等方面都取得了一定的成果。但是，正如美国 Building SMART 联盟主席 Dana K. Smith 先生所说："依靠一个软件解决所有问题的时代已经一去不复返了。" BIM 是一种成套的技术体系，BIM 相关软件也要集成建设项目的所有信息，对建设项目各个阶段的实施进行建模、分析、预测及指导，从而将应用 BIM 技术的效益最大化。

2.2.3 BIM 技术软件分类

（1）BIM 以及 BIM 相关软件分成八个类型，如表 2-2 所示。

表 2-2 BIM 相关软件的分类

类 型	名 称	国内相关软件
第 1 类	概念设计和可行性研究	—
第 2 类	BIM 核心建模软件	天正、鸿业、博超
第 3 类	BIM 分析软件	结构分析软件 PKPM、广厦；日照分析软件 PKPM、天正；机电分析软件鸿业、博超等
第 4 类	加工图和预制加工软件	中国建研院、浙大、同济等研制的空间结构和钢结构软件
第 5 类	施工管理软件	广联达的项目管理软件
第 6 类	算量和预算软件	广联达、斯维尔、神机妙算等的算量和预算软件
第 7 类	计划软件	广联达收购的梦龙软件
第 8 类	文件共享和协同软件	除 FTP 以外，暂时没有具有一定实际应用和市场影响力的国内软件

（2）不同类型的 BIM 软件包含的具体应用软件分别如表 2-3~表 2-10 所示。

表 2-3 概念设计和可行性研究软件

产品名称	厂商	用途
Revit Architecture	Autodesk	创建和审核三维模型
DProfiler	Beck Technology	概念设计和成本估算
Bentley Architecture	Bentley	创建和审核三维模型
SketchUP	Google	3D 概念建模
ArchiCAD	Graphisoft	3D 概念建模
Vectorworks Designer	Nemetschek	3D 概念建模
Tekla Structures	Tekla	3D 概念建模
Affinity	Trelligence	3D 概念建模
Vico Office	Vico Software	3D 概念建模

表 2-4 BIM 核心建模软件

产品名称	厂商	用途
Revit Architecture	Autodesk	建筑和场地设计、结构、机电
Revit Structure		
Revit MEP		
Bentley Architecture	Bentley	多专业
Bentley Structure		
Bentley Building Mechanical Systems		
Archi CAD	Nemetschek Graphisoft	建筑、机电、场地
AllPLAN		
Vector Works		
Digital Project	Gery Technology Dassault	多专业
CATIA		

表 2-5 BIM 分析软件

产品名称	厂商	用途
Robot	Autodesk	结构分析
Green Building Studio	Autodesk	能量分析
Ecotect	Autodesk	能量分析
Structural Analysis/Detailing (STAAD Pro, RAM, Pro Structures) Building Performance (Bentley Hevacomp, Bentley Tas)	Bentley	结构分析/详图、工程量统计、建筑性能分析
Solibri Model Check	Solibri	模型检查和验证
VE-Pro	IES	能量和环境分析
RISA	RISA Structures	结构分析

产 品 名 称	厂 商	用 途
Digital Project	Gehry Technologies	结构分析
GTSTRUDL	Georgia Institute of Technology	结构分析
Energy Plus	DOE、LBNL	能量分析
DOE2	LBNL	能量分析
Flo Vent	Mentor Graphics	空气流动/CFD
Fluent	Ansys	空气流动/CFD
Acoustical Roon Modeling Software	ODEON	声学分析
Apache HVAC	IES	机电分析
Carrier E20-11	Carrier	机电分析
TRNSYS	University of Wisconsin	热能分析

表 2-6　加工图和预制加工软件

产 品 名 称	厂 商	用 途
CADPIPE Commercial Pipe	AEC Design	加工图和工厂制造
Revit MEP	Autodesk	加工图
SDS/2	Design Data	加工图
Fabrication for AutoCAD MEP	East Coast CAD/CAM	预制加工
CAD-Duct	Micro Applicaion Packages Ltd	预制加工
PipeDesigner 3D DuctDesigner 3D	QuickPen International	预制加工
Tekla Structures	Tekla	加工图

表 2-7　施工管理软件

产 品 名 称	厂 商	用 途
Navisworks Manage	Autodesk	碰撞检查
Project Wise Navigator	Bentley	碰撞检查
Digital Project Designer	Gehry Technologies	模型协调
Solobri Model Checker	Solibri	空间协调
Synchro Professional	Synchro Ltd	施工计划
Tekla Structures	Tekla	施工管理
Vico Office	Vico Software	多种功能

表 2-8　算量和预算软件

产 品 名 称	厂 商	用 途
QTQ	Autodesk	工程量
DProfiler	Beck Technology	概念预算
Visual Applications	Innovaya	预算
Vico Takeoff Manager	Vico Software	工程量

表 2-9　计划软件

产　品　名　称	厂　商	用　途
Navisworks Simulate	Autodesk	计划
Project Wise Navigator	Bentley	计划
Visual Simulation	Inovaya	计划
Sunchro Professional	Tekla	计划
Tekla Structures	Tekla	计划
Vico Control	Vico Software	计划

表 2-10　文件共享和协同文件

产　品　名　称	厂　商	用　途
Digital Exchange Server	ADAPT Project Desivery	文件共享和沟通
Buzzsaw	Autodesk	文件共享
Constructware	Autodesk	协同
ProjectDox	Avolve	文件共享
SharePoint	Microsoft	文件共享、存储、管理
Project Center	Newforma	项目信息管理
Doc Set Manager	Vico Software	图形集比较
FTP Sites	各种供应商	文件共享

2.2.4　BIM 技术主要软件介绍

BIM 核心建模软件的英文通常称为 "BIM Authoring Software"，是 BIM 应用的基础，也是在 BIM 的应用过程中碰到的第一类 BIM 软件，简称 "BIM 建模软件"。

BIM 核心建模软件公司主要有 Autodesk、Bentley Systems、Graphisoft/Nemetschek AG、Tekla Gehry Technologies 公司以及深圳斯维尔等。下面对这几家公司的 BIM 软件产品进行介绍。

2.2.4.1　Autodesk 公司（美国）开发的 BIM 软件

产品 1 名称：Revit

功能介绍：

Revit 可帮助专业的设计和施工人员使用协调一致的基于模型的方法，将设计创意从最初的概念变为现实的构造。Revit 是一个综合性的应用程序，其中包含适用于建筑设计、水、暖、电和结构工程以及工程施工的各项功能。

Revit 帮助用户捕捉和分析设计构思，提供了包含丰富信息的模型，能够支持针对可持续设计、冲突检测、施工规划和建造做出决策。设计过程中的所有变更都会在相关设计与文档中自动更新，实现更加协调一致的流程，获得更加可靠的设计文档。Revit 用户界面如图 2-9 所示。

Revit 的具体功能如下：

（1）完整的项目，单一的环境。Revit 中的概念设计功能提供了易于使用的自由形状建模和参数化设计工具，并且还支持在开发阶段及早对设计进行分析。

图 2-9　Revit 用户界面

（2）参数化构件。参数化构件是在 Revit 中设计所有建筑构件的基础。这些构件提供了一个开放的图形系统可以用来设计精细的装配（例如细木家具和设备），以及最基础的建筑构件（例如墙和柱）。

（3）双向关联。任何一处变更，所有相关位置随之变更。所有模型信息存储在一个协同数据库中。对信息的修订与更改会自动反映到整个模型中。

（4）详图设计。Revit 附带丰富的详图库和详图设计工具，可以根据各公司不同标准创建、共享和定制详图库。

（5）明细表。明细表是整个 Revit 模型的另一个视图。对于明细表视图进行的任何变更都会自动反映到其他所有视图中。明细表的功能包括关联式分割及通过明细表视图、公式和过滤功能选择设计元素。

（6）材料算量。利用材料算量功能计算详细的材料数量。材料算量功能非常适合用于计算可持续设计项目中的材料数量和估算成本，优化材料数量跟踪流程。

（7）功能形状。Building Maker 功能可以将概念形状转换成全功能建筑设计。可以选择并添加面，由此设计墙、屋顶、楼层和幕墙系统。还可将来自 AutoCAD 软件和 Autodesk Maya 软件，及 formZ、McNeel Rhinoceros、SketchUP 等应用，或其他基于 ACIS 或 NURBS 应用的概念性体量转化为 Revit 中的体量对象，然后进行方案设计。

（8）协作。工作共享工具可支持应用视图过滤器和标签元素，以及控制关联文件夹中工作集的可见性，以便在包含许多关联文件夹的项目中改进协作工作。

（9）Revit Server。Revit Server 能够帮助不同地点的项目团队通过广域网更加轻松地协作处理共享的 Revit 模型。在同一服务器上实现综合收集 Revit 中央模型。

（10）结构设计。Revit 软件是专为结构工程公司定制的 BIM 解决方案，拥有用于结构设计与分析的强大工具。Revit 将多材质的物理模型与独立、可编辑的分析模型进行了集成，可实现高效的结构分析，并为常用的结构分析软件提供了双向链接。

（11）水暖电设计。Revit 可通过数据驱动的系统建模和设计来优化建筑设备与管道专业工程。在基于 Revit 的工作流程中，它可以最大限度地减少设备专业设计团队之间，以及与建筑师和结构工程师之间的协调错误。

（12）工程施工。利用 Vault 和 Autodesk360 的集成功能，加强了施工过程的综合分析；通过多种手段的协同工作，加强了施工各参与方的联系与协调；实行碰撞检测可避免施工中造成浪费。

使用阶段：阶段规划，场地分析，设计方案论证，设计建模，结构分析，3D 审图及协调，数字建造与预制件加工，施工流程模拟。

支持格式：RVT、IFC、DWG、SKP、JPEG 或 GIF 等常用格式。

产品 2 名称：Navisworks

功能简介：

Autodesk Navisworks 软件能够将 AutoCAD 和 Revit 系列等软件创建的设计数据，与来自其他设计工具的几何图形和信息相结合，将其作为整体的 3D 项目，通过多种文件格式进行实时审阅，而无需考虑文件的大小。Autodesk Navisworks 软件产品可以帮助所有相关方将项目作为一个整体来看待，从而优化从设计决策、建筑实施、性能预测和规划直至设施管理和运营等各个环节。

Autodesk Navisworks 软件系列包括以下四款产品：

（1）Autodesk Navisworks Manage 软件是设计和施工管理专业人员使用的一款全面审阅解决方案，用于保证项目顺利进行。Navisworks Manage 将错误查找和冲突管理功能与动态 4D 项目进度仿真和照片级可视化功能相结合。

（2）Autodesk Navisworks Simulate 软件能够再现设计意图，制定准确的 4D 施工进度表，超前实现施工项目的可视化。Autodesk Navisworks Review 提供创建图像与动画功能，将 3D 模型与项目进度表动态链接。该软件能够帮助设计与建筑专业人士共享与整合设计成果，创建清晰、确切的内容，以便说明设计意图，验证决策并检查进度。

（3）Autodesk Navisworks Review 软件支持用户实现整个项目的实时可视化，审阅各种格式的文件。可为访问的 BIM 模型支持项目相关人员提供工作和协作效率，并在设计与建造完毕后提供有价值的信息。软件中的动态导航漫游功能和直观的项目审阅工具包能够帮助人们加深对项目的理解。

（4）Autodesk Navisworks Freedom 软件是 Autodesk Navisworks NWD 文件与 3D 的 DWF 格式文件浏览器。可以自由查看 Navisworks Review、Navisworks Simulate 或 Navisworks Manage，以 NWD 格式保存的所有仿真内容和工程图。

使用阶段：场地分析，设计方案论证，设计建模，3D 审图机协调，数字建造与预制件加工，施工场地规划，施工流程模拟。

支持格式：IFC、NWD、NWF、NWC、DWG、3DS、STP、DNG 等格式。

2.2.4.2 Bentley Systems 公司（美国）开发的 BIM 软件

产品名称：Bentley Architecture

功能简介：

Bentley Architecture 是立足于 MicroStation 平台、基于 Bentley BIM 技术的建筑设计系统。智能型的 BIM 模型能够依照已有标准或者设计师自订标准，自动协调 3D 模型与 2D 施工图纸，产生报表，并提供建筑表现、工程模拟等进一步的工程应用环境。施工图能依照业界标准及制图惯例自动绘制；而工量统计、空间规划分析、门窗等各式报表和项目技术性规范及说明文件都可以自动产生，让工程数据更加完备。Bentley Architecture 用户界面如图 2-10 所示。

图 2-10 Bentley Architecture 用户界面

（1）建筑全信息模型。适用于所有类型建筑组件的全面、专业的工具；以参数化的尺寸驱动方式创建和修改建筑组件；针对任何类型建筑对象的用户可定义的属性架构（属性集）；对设计、文档制作、分析、施工和运营具有重要意义的固有组件属性；用于捕获设计意图的嵌入式参数、规则和约束；利用建筑元素之间的关系和关联迅速完成设计变更；用于自动生成空间、地板和天花板的覆满选项；自动放置墙、柱的表面装饰；包含空间高度检测选项的吊顶工具；地形建模、屋面和楼梯生成工具。

（2）施工文档。创建平面图、剖面图和立面图；自动协调建筑设计与施工文档；自动将 3D 对象的符号转换为 2D 符号；根据材料确定影线、图案、批注和尺寸标注；用户可定义的建筑对象和空间标签；递增式门、窗编号；房间和组件一览图、数量与成本计算、规格；与办公自动化工具兼容，以便进行后续处理和设置格式。

（3）设计可视化和 3D 输出。各种高端集成式渲染和动画工具，包括放射和粒子跟踪；导出到 STL 以便使用 3D 打印机、激光切割机和立体激光快速造型设备迅速制作模型和原型；支持 3D 的 Web 格式，如 VRML、Quick Vision 和全景图；将 Bentley Architecture 模型发布到 Google Earth 环境。

2.2.4.3　Graphisoft 公司（匈牙利）开发的 BIM 软件

产品名称：ArchiCAD

功能简介：

ArchiCAD 是世界上最早的 BIM 软件，其扩展模块中也有 MEP（水暖电）、ECO（能耗分析）及 Atlantis 渲染插件等。ArchiCAD 支持大型复杂的模型创建和操控，具有业界首创的"后台处理支持"，更快地生成复杂的模型细节。用户自定义对象、组件及结构需要一个非常灵活多变的建模工具。ArchiCAD 引入了一个新的工具——MORPH，以提高在 BIM 环境中的快速建模能力。变形体工具可以使自定义的几何元素以直观的方式表现，例如最常用的建模方式——推拉来完成建模。变形体元素还可以通过对 3D 多边形的简单拉伸来创建或者转换任意已有的 ArchiCAD 的 BIM 元素。

ArchiCAD 中提供一对多的 BIM 基础文档工作流程。它简化了建筑物模型和文档甚至是模型中包含了高层次的细节。ArchiCAD 的终端到终端的 BIM 工作流程允许了模型直到最后项目结束可以依然保持工作。ArchiCAD 用户界面如图 2-11 所示。

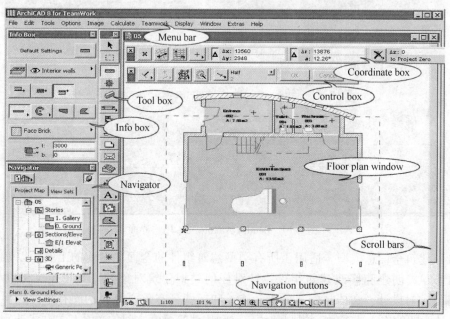

图 2-11　ArchiCAD 用户界面

使用阶段：设计建模，能源分析。

支持格式：IFC、PLN、PLA、MOD、TPL、PLC、PCA、DWG、SKP、PDF、JPEG 或 GIF 等常用格式。

2.2.4.4　Tekla 公司（芬兰）开发的 BIM 软件

产品名称：Tekla

功能简介：

Tekla 是 3D 建筑信息建模软件，主要用于钢结构的工程项目。它通过创建 3D 模型，可以自动生成钢结构详图和各种报表。由于图纸与报表均以模型为准，而在 3D 模型中，操作者很容易发现构件之间连接有无错误，所以它保证了钢结构详图深化设计中构件之间的正确性。

Tekla 用户可以在一个虚拟的空间中搭建一个完整的钢结构模型，模型中不仅包括结构零部件的几何尺寸，也包括了材料规格、横截面、节点类型、材质、用户批注语等在内的所有信息。使用连续旋转观察功能、碰撞检查功能，可以方便地检查模型中存在的问题。Tekla 的模型基于面向对象技术，这就是说模型中所有元素包括梁、柱、板、节点螺栓等都是智能目标，即当梁的属性改变时，相邻的节点也自动改变，零件安装及总体布置图都相应改变。

在确认模型正确后，Tekla 可以创建施工详图，自动生成构件详图和零件详图。构件详图可以在 AutoCAD 进行深化设计；零件图可以直接或经转化后，得到数控切割机所需的文件，实现钢结构设计和加工自动化。

模型还可以自动生成某些报表，如螺栓报表、构件表面积报表、构件报表、材料报表。其中，螺栓报表可以统计出整个模型中不同长度、等级的螺栓总量；构件表面积报表可以根据它估算油漆使用量；材料报表可以估算每种规格的钢材使用量。Tekla 用户界面如图 2-12 所示。

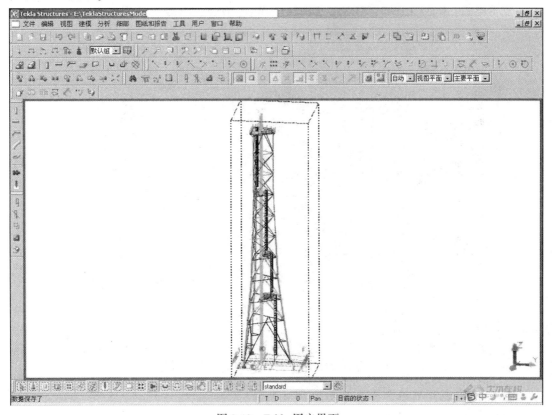

图 2-12　Tekla 用户界面

使用阶段：设计建模，结构分析，3D 审图，数字建造与预制件加工，施工流程模拟。

支持格式：IFC、CIS/2、SDNF、DSTV、DWG、DXF、DGN 等常用格式。

2.2.4.5 Gehry Technologies 公司（美国）开发的 BIM 软件

产品名称：Digital Project

功能简介：

Digital Project 使用 CATIA 软件作为核心引擎，其可视化界面适合于建筑设计工作。目前，Digital Project 包含三个子软件，分别为 Designer、Manager 以及 Extensions。

Digital Project Designer 用于建筑物 3D 建模，其主要功能包括生成参数化的 3D 表面、任意曲面建模（NURBS）、项目组织、预制构件装配、构件切割、高级实体建模等，还可以与 Microsoft 的项目管理软件 Microsoft Project 整合。

Digital Project Manager 提供轻量化、简单易用的管理界面，适合于项目管理、估价及施工管理。其主要功能包括实时截面检查、构件尺寸测量、体积测量、项目团队协作、2D/3D 格式支持、3D 模型协调。

Digital Project Extensions 提供一系列扩展功能，通过与其他软件平台或技术结合，实现更多高级功能。其主要功能包括链接整合 Primavera 数据实现 4D 模拟、设备系统管线设计的优化、快速实现曲面的创建、概念表达与模拟、设计知识的重用、STL 文件的转换、生成效果图与视频等。Digital Project 用户界面如图 2-13 所示。

使用阶段：设计建模，3D 审图与协调，数字建造与预制件加工。

支持格式：IFC、CIS/2、SDNF、DSTV、DWG、DXF、DGN 等常用格式。

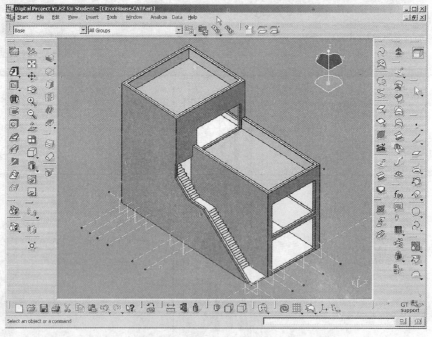

图 2-13 Digital Project 用户界面

2.2.4.6 深圳斯维尔公司开发的 BIM 软件

产品名称：斯维尔系列

功能简介：

斯维尔系列软件，主要涵盖设计、节能设计、算量计算与造价分析等方面。在此分别对系列软件进行介绍。斯维尔用户界面如图 2-14 所示。

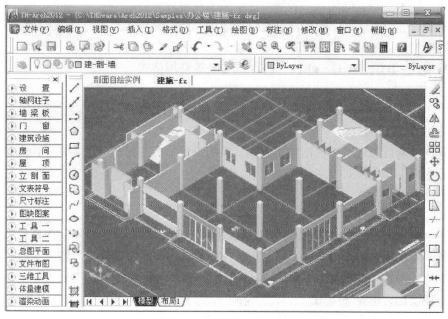

图 2-14　斯维尔用户界面

（1）建筑设计 TH-Arch 是一套专为建筑及相近专业提供数字化设计环境的 CAD 系统，集数字化、人性化、参数化、智能化、可视化于一体，构建于 AutoCAD2002~2012 平台之上，采用自定义对象核心技术，建筑构件作为基本设计单元，多视图技术实现 2D 图形与 3D 模型同步一体。软件还支持 Win7 的 64 位系统，把多核、大内存的性能最大程度的发挥。采用自定义剖面对象终结通用对象表达剖面图的历史，让剖面绘图和平面绘图一样轻松。

（2）斯维尔节能设计软件 THS-BECS2010 是一套为建筑节能提供分析计算功能的软件系统，构建于 AutoCAD2002~2011 平台之上，适于全国各地的居住建筑和公共建筑节能审查和能耗评估。软件采用 3D 建模，并可以直接利用主流建筑设计软件的图形文件，避免重复录入，因此提高了设计图纸节能审查的效率。

（3）斯维尔日照分析软件 THS-Sun2010 构建于 AutoCAD2002~2011 平台，支持 Win7 的 62 位系统，为建筑规划布局提供高效的日照分析工具。软件既有丰富的定量分析手段，也有可视化的日照仿真，能够轻松应付大规模建筑群的日照分析。

（4）虚拟现实软件 UC-win/Road 的操作简单、功能实用，可实现实时虚拟现实。通过简单的电脑（PC）操作，能够制作出如同身临其境的 3D 环境，为工程的设计、施工以及评估提供了有力地支持。

（5）3D 算量软件 TH-3DA 是基于 AutoCAD 平台的建筑业工程量计算软件，软件集构件与钢筋一体，实现了建筑模型和钢筋计算实时联动、数据共享，可同时输出清单工程量、定额工程量、构件实物量。软件集智能化、可视化、参数化于一体，电子图识别功能强大，可以将设计图电子文档快速转换为 3D 实体模型，也可以利用完善便捷的模型搭建系统用手工搭建算量模型。斯维尔安装算量软件 TH-3DM 以 AutoCAD 电子图纸为基础，识别为主、布置为辅，通过建立真实的 3D 图形模型，辅以灵活的计算规则设置，完美解决给排水、通风空调、电气、采暖等专业安装工程量计算需求。

使用阶段：投资估算，阶段规划，设计建模，能源分析，照明分析，3D 审图及协调，施工流程模拟。

支持格式：IFC，DWG，SKP，JPEG 或 GIF 等常用格式。

2.3　BIM 技术的应用模式

在具体的项目管理中，根据应用范围、应用阶段、参与单位等的不同，BIM 技术的应用大致分为以下几种模式。

2.3.1　单业务应用

基于 BIM 模型，有很多具体的应用是解决单点的业务问题，如复杂曲面设计、日照分析、风环境模拟、管线综合碰撞、4D 施工进度模拟、工程量计算、施工交底、三维放线、物料追踪等等，如果 BIM 应用是通过使用单独的 BIM 软件解决类似上述的单点业务问题，一般就称为单业务应用。

单业务应用需求明确、任务简单，是目前最为常见的一种应用形式，但如果没有模型交付和协同，仅仅为了单业务应用而从零开始搭建 BIM 模型，往往费效比较低。

2.3.2　多业务集成应用

在单业务应用的基础上，根据业务需要，通过协同平台、软件接口、数据标准集成不同模型，使用不同软件，并配合硬件，进行多种单业务应用，就称为多业务集成应用。例如，将建筑专业模型协同供结构专业、机电专业设计使用，将设计模型传递给算量软件进行算量使用等等。

多业务集成应用充分体现了 BIM 技术本质，是未来 BIM 技术应用发展方向。它的业务表现形式如表 2-11 所示。

表 2-11　多业务集成业务表现形式

序号	类　别	内　容　举　例
1	不同专业模型的集成应用	如建筑专业模型、结构专业模型、机电专业模型、绿建专业模型的集成应用
2	不同业务模型的集成应用	如算量模型和 4D 进度计划模型、放线模型、三维扫描验收模型的集成应用
3	不同阶段模型的集成应用	如设计模型和合约模型、施工准备模型、施工管理模型、竣工运维模型的集成应用
4	与其他业务或新技术的集成应用	包括两个方面内容：一是与非现场业务的集成应用，例如幕墙、钢结构的装配式施工，将设计 BIM 模型和数据，经过施工深化，直接传到工厂，通过数控机床对构件进行数字化加工；二是与其他非传统建筑专业的软硬件技术集成应用，如 3D 打印、3D 扫描、3D 放线、GIS 等技术

2.3.3 全生命周期综合应用

随着 BIM 技术的单业务应用、多业务集成应用案例逐渐增多，BIM 技术信息协同可有效解决项目管理中生产协同和数据协同这两个难题的特点，越来越成为使用者的共识。目前，BIM 技术已经不再是单纯的技术应用，正在与项目管理紧密结合应用，包括文件管理、信息协同、设计管理、成本管理、进度管理、质量管理、安全管理等等，越来越多的协同平台、项目管理集成应用在项目建设中体现，这已成为 BIM 技术应用的一个主要趋势。

2.4 全生命周期下 BIM 技术的 IPD 应用模式

2.4.1 建筑全生命周期的概念

建筑全生命周期是指从材料与构件生产、规划与设计、建造与运输、运行与维护直到拆除与处理（废弃、再循环和再利用等）的全循环过程，如图 2-15 所示。

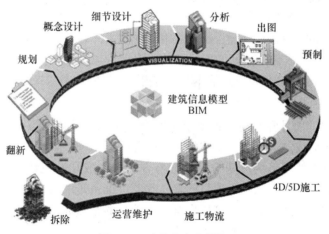

图 2-15 建筑生命全周期

2.4.2 BIM 技术的 IPD 应用模式

2.4.2.1 概念

综合项目交付（Integrated Project Delivery，IPD）是美国建筑师协会（AIA）在 2007 年发布的《综合项目交付指南》中给出的定义，IPD 又称项目集成（整体）交付，是将人、各系统、业务结构以及实践经验集成为一个过程的项目交付方式。在这个集成的过程中，项目的各参与方可以充分利用各自的才能和洞察力，通过在项目实施的各阶段的合作，使项目效率最大化，给业主创造更大价值。

IPD 开始于 20 世纪 90 年代末，英国石油公司在英国北海石油钻井平台中首先成功应用 IPD 模式，后来又分别在澳洲国家博物馆项目和美国萨特郡综合医疗项目中取得成功，并逐渐被业界所认可。目前 IPD 已经发展成一种定义清晰并具有明确专属合同体系的建筑项目交付模式。随着建筑信息模型（BIM）技术趋于成熟，以 BIM 技术为平台的 IPD 模式，将带来新的管理模式变革，使得建筑业人力资源重新整合，实现信息共享及跨职能团队的高效协作。

2.4.2.2　IPD 模式的特征

A　参与方早期介入

IPD 模式要求建设项目的主要参与方在项目的前期尽早地参与到项目中，能在项目初期把各自的知识和经验充分运用到建设项目中。项目参与方的尽早参与，一方面可减少错误在整个项目过程中各阶段的发生概率，另一方面还可以将项目的整体执行效率提高。在建设项目的前期，主要项目参与方的经验、社会关系和知识等都是项目实施的重要资源，可以为项目的顺利起步和成功实现提供有力保障。

B　团队合作

IPD 模式要求，项目所有参与方在建设项目的全生命周期内能够密切地合作，将共同制定的项目目标完成，并努力促使项目收益达到最大化。与传统的项目交付模式相比，IPD 最大的不同点便是试图在业主、设计院、总承包商和其他项目参与方之间搭建起一种相互合作关系。通过这种合作关系的构建，能够使项目各方利益趋于一致，进而降低甚至消除建设项目的风险，而不像传统交付模式一样致力于如何将项目风险转移。英国政府商务办公室（UKOGC）的研究表明，建设项目运用 IPD 模式，集成项目团队可以在 IPD 模式下，促使建设项目持续稳定改善一系列的项目绩效，将项目建设成本实现高达 30% 的节省。所以，通过团队间的合作，IPD 可以在整体上提高建设项目的效率，节约建设成本。

C　各参与方拥有共同利益

在 IPD 模式中，项目各参与方被要求早期介入项目并进行相互合作，因此利润分配机制必然就会随之形成。若将项目整体的利润分配机制与项目各参与方对项目的贡献值相联系匹配，这样可以使项目的成功与每个参与方各自的成功有机统一。所以在 IPD 模式中，参与方个人的利益完全依赖于项目的整体收益，也正是因为这样，项目各参与方对项目成功的关注度才会自然地上升，这样也有利于项目的整体成功。

2.4.2.3　IPD 与其他交付模式的差异

20 世纪 80 年代开始，许多建设领域的学者都提出建设工程中需要具备合作精神，他们认为如果项目所有参与团队都要能够协同合作、互相帮助，那么项目建设过程中的纠纷不断、利益冲突的情况必将得到很大的改善。在这种背景下，Partnering 交付模式应运而生。Partnering 交付模式由项目主要的参与方共同协商议题、共同定义目标，其最主要的特点是要建立一个具有良好畅通沟通渠道的项目团队。虽然 Partnering 模式的确可以帮助建设项目各相关方共同建立起相互合作关系，但是遗憾的是这种模式随着问题的出现很快就会解体，因为其不具有法律层面的保证性。而 IPD 模式的出现，改善了这种困境，使得项目各参与方能够建立持久的合作关系。IPD 模式是一种新的组织和实施建设项目的交付模式，传统项目交付模式与 IPD 之间的主要差异则体现在合同条款、组织架构、项目团队关系和薪酬架构四个方面。

A　合同条款

在传统的交付模式中，建设项目的合同模式并非关注项目整体利益而是以维护合同各参与方利益为主。由于建设项目合同的缺陷，导致各参与方之间容易产生多种合同纠纷，使得项目整体执行效率降低。目前的建设项目合同模式中，还存在多种系统性的问题，这些问题会限制参与方之间的合作以及产品创新，阻碍项目参与方提出对项目有利的提议，进而促使项目各参与方将各自的利益最优化等。以关系型合同著称的 IPD 合同则不同，因为它的重点不是考虑最终产品，而是兼顾考虑合同过程。如果合同主体在合作中相互欣赏，期望能够将来再次合作时，他们可以在当前的交易与合作中考虑将来的合作关系，甚至可以加入到 IPD 合同内容中。

在建设项目 IPD 模式中，主要使用的合同模式有：AIAC195（单一目的个体协议，Single-Purpose Entity），这种合同模式首先需要创立一家有限责任公司，这家公司以项目的规划、设计和施工建造为唯一目标，并将一切实施原则通过成立的公司来拟定和执行；AIAC191（单一的多方主体协议，Single Multi-Party Agreement），该模式由业主、设计院、总承包商和其他项目主要参与方制定标准的多方合作协议，实施单一的设计、施工和试运转合同；Consensus Documents 300（三方协议，Tri-Party Agreement），此协议模式试图主要通过项目设计和施工中的协同管理，仅要求业主、设计院和总承包商三方签订一份三方合作协议，将项目中收益和风险共享，使三个主要参与方的利益达成共识。

IPD 模式作为一种全新的项目交付模式，其合同特征十分鲜明。相对于传统的合同模式，IPD 合同是一种注重"关系型"的合同，它不仅关注项目最后实施的结果（建筑产品），更加关注于过程。也正是因为 IPD 协议合同的签订决定了 IPD 模式能否很好地实现，因此美国 CMAA（美国建设管理协会，The Construction Management Association of America）按照合同设计相关的特征、与合同执行相关特征，将 IPD 协议合同的特征划分为两大类，表 2-12 表示了每类所包含的具体特征。

表 2-12　IPD 协议合同的特征

序号	分类	IPD 合同特征
1	合同设计特征	所有参与方共同制定项目目标和评价指标
2		参与方以项目最终产出为基础的风险与收益的分配
3		集成参与方知识优化设计成果
4		参与方之间公司财务透明
5		所有参与方放弃诉讼彼此的权利
6		参与方在项目开始阶段的平等参与
7		参与方达成一致的共同决策
8	合同执行特征	参与方之间强烈的合作意愿
9		参与方相互尊重与信任
10		参与方之间坦诚交流

B　组织架构

目前，建设行业已经实际开展的 IPD 项目组织结构模式主要有三类，如图 2-16～图 2-18 所示。与之相应，国际上所发布的 IPD 标准执行合同主要有：美国的行业协会 AIA 和 AGC 发布的 IPD 标准执行合同，澳大利亚政府发布的 IPD 标准执行合同。美国 AGC 和澳大利亚政府都只是针对图 2-16 所示的 IPD 组织结构模式所发布合同，而美国行业协会

AIA 的标准合同体系则涵盖了图 2-16~图 2-18 三种组织模式。作为示例，在这三个组织架构图中仅标出了各组织间适用的 AIA 标准合同的编号。

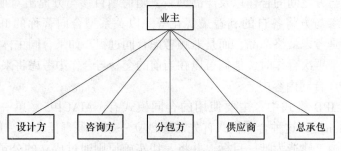

图 2-16　以 IPD 理念改进传统交付模式的组织结构图

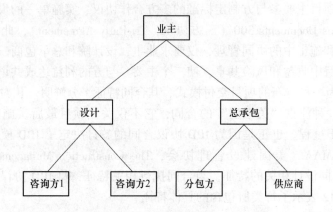

图 2-17　多参与方合同下的 IPD 组织结构图

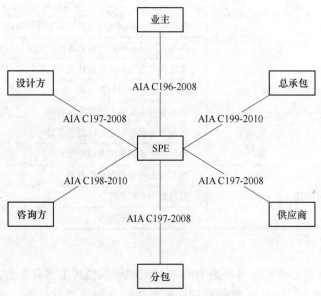

图 2-18　SPE 下的 IPD 组织结构

如图 2-16~图 2-18 所示，在 IPD 的三种组织结构模式中，以 IPD 理念改进传统交付模式的组织结构以及多参与方合同下的 IPD 组织结构这两种与传统模式基本一致，只是在执行构架中采用了 IPD 标准合同。第三种组织结构模式——SPE 下的 IPD 组织结构是一种由 IPD 模式所创建的全新的组织结构模式。Kermanshachi 在文章中指出，SPE 下的 IPD 组织结构模式中，保证多参与方组成 SPE（单一目的实体，Single Purpose Entity）是 IPD 项目成功实施的关键因素，其中 SPE 是针对建筑物复杂程度高、体量大、建设时间长、后期运营维护要求高的 IPD 项目所成立的有限责任公司，公司组成即 IPD 项目的参与方。

（1）团队关系。Briscoe 和 Dainty 在关于集成供应链在建设行业中应用的研究文章中指出：建设项目中，阻碍执行团队产生协同合作意识的主要原因是——建设项目不同主体间缺乏足够的信任。当前，由于建筑业中项目团队成员间的高度不信任，导致各参与方间诉讼案件的增多，这说明建设项目中相互尊重和信任是建设项目成功的前提，信息只有在充分融洽与和谐的团队环境中才能做到高度共享。IPD 模式中，项目所有参与方被鼓励开放式地、公开透明地合作和沟通，参与方之间在 IPD 模式最为重要的一项执行原则便是信任和尊重。只有通过各方建立承诺和合同关系，信任才能够得到保证，并且要求合同各参与方同时存在信任和尊重的关系，才能使各方乐于接受项目存在的风险，积极合作地完成共同的项目目标。

（2）薪酬架构。在建设项目的传统交付模式下，业主是整个项目的主导方，其与项目其他参与方所签订的合作协议合同决定了其他参与方在项目中所得的薪酬。正常情况下，设计院、总承包商等参与方业主的合同中都会明确指出项目利润比例、奖励惩罚条款等，即在项目工程量没有重大变更的情况下主要参与方的薪酬比例是基本固定的。而 IPD 模式中，薪酬架构主要以有效地激励项目所有参与方实现项目整体利益为出发点，存在更大的弹性空间。IPD 模式中，业主主要承担项目的直接成本和费用，项目的执行成果决定项目各参与方的利润、奖金分配比例和模式。另外，项目执行成果还决定着项目的风险管理模式，这也是传统的项目交付模式中最具有挑战性的方面。虽然在 IPD 模式中建设项目潜在的风险与传统模式大致相同，然而 IPD 模式中关于风险的管理，则通过把项目的风险和不确定性与项目最终的团队执行成果相联系，保证了处理方法的更加公平公正。在此基础上，IPD 模式为项目参与方提供与项目最后执行成果相关的奖励和惩处，将项目管理工作反映到项目的薪酬架构中，可以以项目成功为整体目标调整各参与主体的目标，使各方各行其职，减少项目风险，更好地控制项目全过程。

2.4.3 BIM 平台下的 IPD 应用框架

2.4.3.1 IPD 执行关键点分析

A 成立项目团队

任何建设项目在前期都会成立该项目独有的启动团队，IPD 模式也不例外，成立有竞争力的项目团队是 IPD 实施的第一步。但是，与传统交付模式前期工作主要由业主推动不同，IPD 在启动初期成立的项目团队几乎包含了所有项目参与方，包括业主、设计院、总承包商、分包商、供应商以及咨询单位和后期运营方等。

而成立项目团队前最重要的工作便是项目团队成员的选择。选择了最优的项目团队成员后，下一步就是确立团队组织架构。IPD 模式的组织架构主要有三种：IPD 理念改进传统交付模式的组织结构、多参与方合同下的 IPD 组织结构以及 SPE 下的 IPD 组织结构。

每一种组织架构都有其适用性，究竟选择哪种，要考虑项目特征、团队成员特征等因素。在初次运用 IPD 模式操作项目时，可以尝试先按照前两种组织架构进行运作。但是，前两种组织架构都是传统架构的发展，不属于 IPD 独创的新模式。IPD 真正使用的组织架构模式是 SPE 下的组织架构。SPE 构架强调成立项目的有限责任公司，从公司的层面约束团队成员。合理的团队构架既保证了 IPD 的顺利启动，也是 IPD 预期目标得以实现的必要条件。

B   签订合作协议

IPD 是建立在团队协作基础上的一种项目交付模式。所以，只有在团队所有成员都使用并共享同样的价值观和目标的基础上，项目才能取得成功。IPD 合作协议签订的基本原则有：相互尊重；互利互惠；加强沟通；明确协作标准；确定适用技术。

合作协议签订的模式主要依据项目团队成立的组织架构模式。在 SPE 架构下，项目各参与方与 SPE 签订单独的 IPD 标准合同。合同约定项目各成员在团队中所处的地位、工作范围、薪酬情况、风险分担以及后期项目分红比例等。

C   拟定工作程序

IPD 模式下，建设项目的流程主要包括概念规划、初步设计、细部设计、施工文件准备、审查报批、材料采购、施工建造和交付运营，如图 2-19 所示。

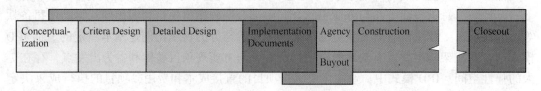

图 2-19   IPD 工作流程图

第一步是所有主要项目团队成员参与的项目概念规划阶段，就是决定要做怎样的项目，主要运用的技术方法（例如是否采用 BIM 平台），并且要拟定项目的主要技术经济指标，是项目的发起阶段。第二步是进入项目的初步设计，除了建筑设计师，业主还要在此阶段邀请总承包商、结构设计师、土建设计师、相关分包商等，一起针对各种不同的方案进行设计与分析。初步设计阶段主要产出项目预算资料、初步工期计划。初步设计完成并经过 IPD 团队审核通过后，项目进入细部设计阶段，各不同专业人员，按照之前拟定的共同目标，在各自领域范围内在初步设计基础上深化整合成为细部设计文件，并最终汇总为整个项目的初步设计资料。之后进入项目的施工文件准备阶段，也就是团队共同协定项目详细的施工计划。由于是团队共同协定，并且给予沟通良好的 BIM 平台进行，可以使得施工计划具有独特性、动态性、时效性以及主导性。之后可以全面展开的分别是审查和采购阶段。由于设计的递进性以及项目团队的早期介入，这两项工作可以从项目早期开始开展随着设计的深入而不断地深入。前面都准备充分后，就可以进入项目的建造阶段。由于前面的阶段已经建立了详细的 BIM 模型，并融合了施工需要准备的相关资料，整个施工建造过程可以顺利展开。最后是交付运营阶段，除了交付建筑实体产品外，还要将 BIM 竣工模型一并交付给业主，为项目后期的运营管理所用。

D   创建 BIM 模型

在 IPD 模式中，BIM 模型的创建以建筑专业为主，结构、给排水、电气、暖通、基础设施、工程管理、经济等专业为辅，将各专业相互协调，并统筹设计、施工建造、设备及预制构件制造、后期运营、项目改扩建等不同阶段的特点和相关链接关系。BIM 相关工具主要包括创作工具和分析工具两大部分。其中创作工具由设计模型、施工模型、进度（思维）模型、成本（五维）模型、材料制造模型、运营模型组成，而分析工具则由模型检查、进度安排、可视化估算、人流控制、能耗分析、绿色建筑评价组成。

创作工具中，制造模型是基础，可以替代传统的设计图纸、预制件及设备制造资料，由材料、预制件及设备制造企业共同完成，同时还要考虑设计、施工及后期运营维护的要求。设计模型是核心，由建筑、结构、电气、给排水、暖通、土木、岩土等子模型组成，主要由设计单位完成，同时考虑施工建造、进度、成本和运营模型的数据接口需要。施工模型是将设计模型细分为不同的施工步骤，施工进度（四维）模型是将工程细分结构与模型中的项目要素联系起来，施工及施工进度（四维）模型由施工企业完成。成本（五维）模型是关键，是将成本与模型中的项目要素联系起来，由设计、施工、材料预制件设备制造单位的经济技术人员共同完成。运营维护模型是精华，为业主模拟运营，由竣工模式与运用管理系统融合而成。

分析工具中，模型检查是关键，根据用户选择的业务规则，自动检测设计模型，确定有无冲突，是否符合限定及建筑法规等，由设计单位完成。进度安排由施工企业完成，首先是将工程细分结构与相关项目联系起来，然后进一步规划施工顺序，还可产生具有动画效果的视觉化程序。可视化估算是关键，是将成本编码与 BIM 要素进行匹配，演算出施工预测，进而制作"可视化估算"，由设计、施工、材料预制件制造单位的经济技术人员共同完成。能耗分析和人流控制是由设计单位完成。能耗分析是根据场地附近风力条件、太阳年度运行轨迹、温度以及相关信息，模拟建筑物的整体能耗性能，进而提供建筑最佳的能耗解决方案。人流控制是将人的因素引入 BIM 中，如模拟高峰期电梯排队情景和紧急疏散。

2.4.3.2 BIM 在 IPD 模式中的应用

A 辅助完成 IPD 设计施工任务

借助于 BIM 平台辅助，IPD 项目参与方之间能够实现超越传统意义协同文件，如图 2-20 所示。在 BIM 平台下，由项目所有参与方共同建立的建筑信息模型，不仅可以像传统的项目资料一样以 2D 图纸说明项目的设计和施工等信息，而且能通过 3D 的形式向所有项目参与方展示多维建筑产品信息，并且直观的 3D 建筑模型还能够辅助所有项目参与方对专业问题进行交流，在此基础上完成项目的优化设计工作。IPD 中 4D BIM 模型的应用价值方面，4D 建筑信息模型可以通过先进的 BIM 技术建立，在四维建筑信息模型的技术支持下，在项目特定阶段施工方更容易为设计方提供专业经验及合理化建议，进而将建筑设计成果的可建造性提高。

澳大利亚政府在其发布的 IPD 推广说明书中指出，IPD 项目可以通过 BIM 技术进行虚拟施工和冲突检测。因为在 IPD 模式中，项目所涉及的主要参与方在项目的设计阶段就已经加入项目中，如图 2-21 所示。所以在进行冲突检测和虚拟施工时，所得到的信息便更加接近真实情况。因为对项目的检测更加深入详细、内容覆盖范围更广，所以最终的检测结果预期获得的经济产出值更高，对优化设计将更具有价值。在 IPD 与 BIM 技术融合的基础上，可以实现 IPD 建筑产品与施工过程的同步设计，彻底消除由设计缺陷导致的施工障碍。

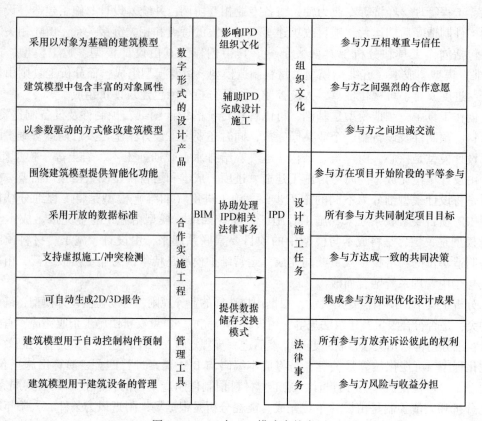

图 2-20　BIM 在 IPD 模式中的应用

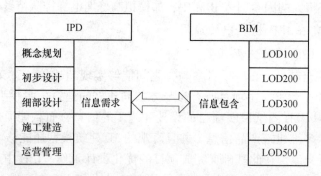

图 2-21　IPD 各阶段 BIM 深度对应

B　提供 IPD 数据存储交换平台

各参与方之间在 IPD 模式中，从项目的早期阶段开始，就有大量的信息沟通与交流，而这些协同工作则需要相关技术支持。由于技术发展的程度在不同专业的不一致，所以项目数据存储格式在不同参与方下所采用的往往不尽相同，这就使得项目信息的沟通变得十分困难。但是另一方面，在建筑项目相关多领域，BIM 技术为用户所提供的开放数据存储交换标准已经能够支持，在此基础上 BIM 技术就可以为 IPD 模式提供数据存储交换服务。美国 AIA 在 2008 年发表的研究报告表明，BIM 技术为 IPD 在数据存储交换方面能够提供有效支持。

当然，在数据存储方面，IPD 模式仍存在问题需要解决。Reza 的文章指出，将建设项目涉及的所有技术专业数据通过 BIM 技术全部统一到 BIM 模型中还存在一定的困难，现阶段只有核心的技术专业才能较充分地统一集成到项目的 BIM 模型中，例如建筑设计和施工建造等成果数据。

C　协助处理 IPD 相关法律事务

阻碍针对复杂建设项目的多方合同有效执行的一个重要因素便是无法清晰地定义合同标的物，合同标的物的模糊不清往往引起不必要的法律纠纷，因此精确地定义标的物是合同是否成熟的先决条件。而在 BIM 技术的帮助下，IPD 的专属合同可以在面对现代巨型复杂建设项目时，清晰准确地定义合同标的物。在 BIM 技术平台下所精确建立的建筑信息模型，可以协助 IPD 实现项目风险共担和收益共享，使得所有参与方间法律诉讼最小化，甚至将相互诉讼权力完全放弃。

另外，知识产权问题在传统的建设项目交付模式中，也一直在阻挠着所有参与方之间的有效合作。Stephen 在文章中，重点研究 IPD 所涉及的法律问题后发现，在 IPD 模式中，所有相关法律纠纷中对项目整体影响较大的纠纷就包括涉及知识产权的纠纷。Wang 的研究则指出，因为在 IPD 模式中使用 BIM 技术，所以设计院完成的建筑信息模型十分清晰详细，而且是完全面向对象的多属性模型，因此可以很好地解决设计产品的知识产权问题。Pardis 同时也指出，在 BIM 技术完成的建筑信息模型中，因为参与方各自对项目的贡献可以很清晰地划分，所以也能够在技术层面上保护包括设计方、承包商和咨询商等在内的其他 IPD 参与方的知识产权。

复习思考题

2-1　简述 BIM 技术的由来。

2-2　简述 BIM 技术的定义。

2-3　简述 BIM 技术的特点。

2-4　简述 BIM 技术的优势。

2-5　简述 BIM 技术软件与传统建筑软件的区别。

2-6　BIM 技术相关软件有哪些？

2-7　概念设计和可行性研究软件有哪些？

2-8　BIM 核心建模软件有哪些？

2-9　BIM 分析软件有哪些？

2-10　加工图和预制加工软件有哪些？

2-11　施工管理类软件有哪些？

2-12　工程算量和预算软件有哪些？

2-13　简述目前 BIM 软件在我国的开发情况。

2-14　简述 BIM 技术的单业务应用。

2-15　简述 BIM 技术的多业务集成应用。

2-16　简述 BIM 的全生命周期综合应用。

2-17　什么是 IPD？

2-18 简述 IPD 模式的特征。

2-19 简述 IPD 与其他交付模式的差异。

2-20 简述 BIM 平台下的 IPD 应用框架。

2-21 什么是 BIM 的协同设计？

2-22 BIM 相关软件与传统建筑软件相比，其优势在哪里？

2-23 简述 BIM 技术应用背景。

2-24 简述 BIM 技术应用的条件。

3 BIM 技术在建筑业的应用

3.1 业主方 BIM 技术的应用

3.1.1 招标管理

3.1.1.1 传统工程招标过程中的主要问题

针对业主而言：现在的工程招标投标项目时间紧、任务重，甚至还出现边勘测、边设计、边施工的工程，甲方招标清单的编制质量难以得到保障。而施工过程中的过程支付以及施工结算是以合同清单为准，直接导致施工过程中的变更难以控制，结算费用一超再超。为了有效地控制施工过程中的变更多、索赔多、结算超预算等问题，关键是要把控招标清单的完整性、清单工程量的准确性以及合同清单价格的合理性。

针对乙方而言：由于投标时间比较紧张，要求投标方高效、灵活、精确地完成工程量计算，把更多时间运用在投标报价技巧上。这些单靠手工很难按时、保质、保量完成。而且随着现代建筑造型趋向于复杂化，人工计算工程量的难度越来越大，快速、准确地形成工程量清单成为招标投标阶段工作的难点和瓶颈。这些关键工作的完成也迫切需要信息化手段来支撑，进一步提高效率，提升准确度。

3.1.1.2 BIM 在招标投标中的应用

BIM 技术的推广与应用，极大地促进了招投标管理的精细化程度和管理水平。在招标投标过程中，招标方根据 BIM 模型可以编制准确的工程量清单，达到清单完整、快速算量、精确算量，有效避免漏项和错算等情况，最大限度地减少施工阶段因工程量问题而引起的纠纷。投标方根据 BIM 模型快速获取正确的工程量信息，与招标文件的工程量清单比较，可以制定更好的投标策略。

（1）BIM 在招标控制中的应用。在招标控制环节，准确和全面的工程量清单是关键，而工程量计算是招标投标阶段耗费时间和精力最多的重要工作。BIM 是一个富含工程信息的数据库，可以真实地提供工程量计算所需要的物理和空间信息。借助这些信息，计算机可以快速对各种构件进行统计分析，从而大大减少根据图纸统计工程量带来的繁琐的人工操作和潜在错误，在效率和准确性上得到显著提高。

（2）BIM 在投标过程中的应用。首先是基于 BIM 的施工方案模拟。基于 BIM 模型，对施工组织设计方案进行论证，就施工中的重要环节进行可视化模拟分析，按时间进度进行施工安装的模拟和优化。对于一些重要的施工环节或采用新施工工艺的关键部位、施工现场平面布置等施工指导措施进行模拟和分析，以提高计划的可行性。在投标过程中，通过对施工方案的模拟，直观、形象地展示给甲方。

其次是基于 BIM 的 4D 进度模拟。通过将 BIM 与施工计划相链接，将空间信息与时间信息整合在一个可视的 4D 模拟中，可以直观、精确地反映整个建筑的施工过程和虚拟形象进度。借助 4D 模型，施工企业在工程项目投标中将获得竞标优势，BIM 可以让业主直观地了解投标单位对投标项目主要施工的控制方法、施工安排是否均衡、总体计划是否基本合理等，从而对投标单位的施工经验和实力做出有效评估。

再则是基于 BIM 的资源优化与资金计划。利用 BIM 可以方便、快捷地进行施工进度模拟、资源优化，以及预计产值和编制资金计划。通过进度计划与模拟的关联，以及造价数据与进度关联，可以实现不同维度（空间、时间、流水段）的造价管理与分析。通过对 BIM 模型的流水段划分，可以自动关联快速计算出资源需用量计划，不但有助于投标单位制定合理的施工方案，还能形象地展示给甲方。

总之，利用 BIM 技术可以提高招标投标的质量和效率，有力地保障工程量清单的全面和精确，促进投标报价的科学、合理，加强招标投标管理的精细化水平，减少风险，进一步促进招投标管理市场的规范化、市场化、标准化的发展。

3.1.2　设计管理

3.1.2.1　设计管理的内容

建设项目的设计阶段是整个生命周期内最为重要的环节，它直接影响着建安成本以及维运成本，对工程质量、工程投资、工程进度，以及建成后的使用效果、经济效益等方面都有着直接联系。设计阶段可分为方案阶段、初步设计阶段、施工图设计阶段这三个阶段。从初步设计、扩初步设计到施工图的设计是一个变化的过程，是建设产品从粗糙到细致过程，在这个进程中需要对设计进行必要的管理，从性能、质量、功能、成本到设计标准、规程，都需要去管控。

3.1.2.2　BIM 技术在设计阶段的应用

A　可视化设计交流

可视化设计交流，是指采用直观的 3D 图形或图像，在设计、业主、政府审批、咨询专家、施工等项目参与方之间，针对设计意图或设计成果进行更有效地沟通，从而使设计人员充分理解业主的建设意图，使设计结果最贴近业主的建设要求，最终使业主能及时看到他们所希望的设计成果，使审批者能清晰地认知他们所审批的设计是否满足审批要求。

可视化设计交流贯穿于整个设计过程中，典型的应用包括三维设计与效果图及动态展示。

a　三维设计

三维设计是新一代数字化、虚拟化、智能化设计平台的基础。它是建立在平面和二维设计的基础上，让设计目标更立体化，更形象化的一种新兴设计方法。

当前，二维图纸是我国建筑行业最终交付的设计成果，生产流程与管理也均围绕着二维图纸的形成来进行。然而，二维设计技术对复杂建筑集合形态的表达效率较低；为了照顾兼容和应付各种错漏问题，二维设计往往在结构上和表现上都处理得非常复杂，效率较低。

BIM 技术引入的参数化设计理念，极大地简化了设计本身的工作量，同时其继承了初代三维设计的形体表现技术，将设计带入一个全新的领域，通过信息的集成，也使得三维设计成品（即三维模型）具备更多的可供读取的信息。对于后期生产（即建筑的施工阶段）提供更大的支持。基于 BIM 的三维设计能够精确表达建筑的几何特征，与二维绘图相比较，三维设计不存在几何表达障碍，对任意复杂的建筑造型均能准确表现。通过进一步将非几何信息集成到三维构件中，如材料特征、物理特征、力学参数、设计属性、价格参数、厂商信息等，使得建筑构件成为智能实体，三维模型升级为 BIM 模型。BIM 模型可以通过图形运算并考虑专业出图规则自动获得二维图纸，并可以将模型用于建筑能耗分析、日照分析、结构分析、照明分析、声学分析、客流物流分析等诸多方面。

例如：在 BIM 中生成面砖的矩阵，通过调整面砖尺寸、砖缝大小、分割缝尺寸等变量，在同一构件立面内实时生成不同的组合分类，来做辅助设计。固定面砖尺寸 45mm×95mm，砖缝为 5mm，保证窗边混凝土收口宽度一致，且现场无切砖情况，在满足以上条件的组合中，从美观角度选取最合适的排砖方式，如图 3-1 所示。

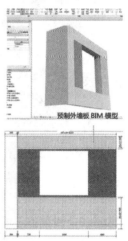

图 3-1　BIM 在设计阶段调整砖面图

立面设计可以完全模拟实际建成后的效果，可以精确到面砖尺寸、分隔缝尺寸定位、细部转折关系、墙体预留洞口等，如图 3-2 所示。相比较传统立面设计，BIM 可以从三维角度进行细节推敲，对普通立面图无法表达的局部转折关系、材质分割等问题表达更清晰准确。

b　效果图及动画展示

BIM 系列软件具有强大的建模、渲染和动画技术，通过 BIM 可以将专业、抽象的二维建筑描述通俗化、三维直观化，使得业主等非专业人员对项目功能性的判断更为明确、高效，决策更为准确。

基于 BIM 技术和虚拟现实技术对真实建筑及环境进行模拟，同时可出具高度仿真的效果图，设计者可以完全按照自己的构思去构建装饰"虚拟"的房间，并可以任意变换自己在房间的位置，去观察设计的效果，直到满意为止。这样就使设计者各设计意图能够更加直观、真实、详尽地展现出来，既能为建筑的投资提供直观的感受，也能为后面的施工提供很好的依据。

另外，如果设计意图或者使用功能发生变化，基于已有 BIM 模型，可在短时间内修

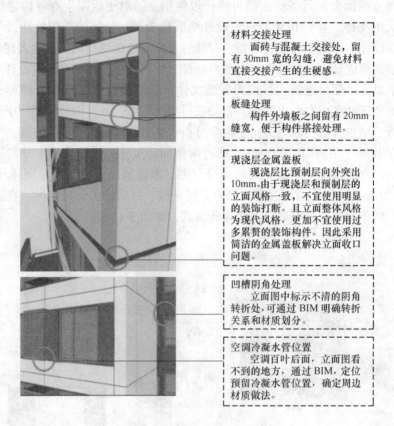

材料交接处理
　　面砖与混凝土交接处，留有 30mm 宽的勾缝，避免材料直接交接产生的生硬感。

板缝处理
　　构件外墙板之间留有 20mm 缝宽，便于构件搭接处理。

现浇层金属盖板
　　现浇层比预制层向外突出 10mm。由于现浇层和预制层的立面风格一致，不宜使用明显的装饰打断。且立面整体风格为现代风格，更加不宜使用过多累赘的装饰构件。因此采用简洁的金属盖板解决立面收口问题。

凹槽阴角处理
　　立面图中标示不清的阴角转折处，可通过 BIM 明确转折关系和材质划分。

空调冷凝水管位置
　　空调百叶后面，立面图看不到的地方，通过 BIM，定位预留冷凝水管位置，确定周边材质做法。

图 3-2　BIM 对墙面立面的表达

改完毕，效果图和动画也能及时更新。而且基于 BIM 能够进行预演，方便业主和设计方进行场地分析、建筑性能预测和成本估算，对不合理或不健全的方案进行及时的更新和补充。

　　B　设计分析

　　设计分析是初步设计阶段主要的工作内容。一般情况下，当初步设计展开之后，每个专业都有各自的设计分析工作，设计分析主要包括结构分析、能耗分析、光照分析、安全疏散分析等。这些设计分析是体现设计工程安全、节能、节约造价、可实时性方面重要作用的工作过程。在 BIM 概念出现之前，设计分析就是设计的重要工作之一，BIM 的出现使得设计分析更加准确、快捷与全面，例如针对大型公共设施的安全疏散分析，就是在 BIM 概念出现之后逐步被设计方采用的设计分析内容。

　　C　结构分析

　　最早使用计算机进行分析包括三个步骤，分别是前处理、内力分析、后处理，其中，前处理是通过人机交互式输入结构简图、荷载、材料参数以及其他结构分析参数的过程，也是整个结构分析中关键步骤，所以该过程也是耗费设计时间的过程；内力分析过程是结构分析软件的自动执行过程，其性能取决于软件和硬件，内力分析过程的结果是结构构件在不同工况下的位移和内力值；后处理过程是将内力值和材料的抗力值进行对比产生安全提示，或者按照相应的设计规范计算出满足内力承载能力要求的钢筋配置数据，这个过程人工干预程度也较低，主要由软件自动执行。在 BIM 模型支持下，结构分析的前处理过程也实现了自动化；BIM 软件可以自动将真实的构件关联关系简化成结构分析所需的简化关联关系，能依据构件的属性自动区分结构构件和非结构构件，并将非结构构件转化成加载于结构构件上的荷载，从而实现了结构分析前处理的自动化。

D　节能分析

节能设计通过两个途径实现节能目的。一个途径是改善建筑围护结构保温和隔热性能，降低室内外空间的能量交换效率；另一途径是提高暖通、照明、机电设备及其系统的能效，有效地降低暖通空调、照明以及其他机电设备的总能耗。

建设项目的景观可视度、日照、风环境、热环境、声环境等性能指标在开发前期就已经基本确定，但是由于缺少合适的技术手段，一般项目很难有时间和费用对上述各种可能性能指标进行多方案分析模拟，BIM 技术为建筑性能分析包含室外风环境模拟、自然采光模拟、室内自然通风模拟、小区热环境模拟分析和建筑环境噪声模拟分析。

E　安全疏散分析

在大型公共建筑设计过程中，室内人员的安全疏散时间是防火设计的一项重要指标。室内人员的安全疏散时间受室内人员数量、密度、人员年龄结构、疏散通道宽度等多方面的影响，具体的计算方法已不能满足现代建筑设计的安全要求，需要通过安全疏散模拟。基于人的行为模拟疏散过程中人员疏散过程，统计疏散时间，这个模拟过程需要数字化的真实空间环境支持，BIM 模型为安全疏散计算和模拟提供了支持，这种应用已在许多大型项目上得到了应用。

F　协同设计与冲突检查

在传统的设计项目中，各专业设计人员分别负责其专业内的设计功能工作，设计项目一般通过专业协调会议以及相互提交设计资料实现专业设计之间的协调。在许多工程项目中，专业之间因协调不足出现冲突是非常突出的问题。这种协调不足造成了在施工过程中冲突不断、变更不断的常见现象。

BIM 为工程设计的专业协调提供了两种途径。一种是在设计过程中通过有效的、适时的专业间协同工作避免产生大量的专业冲突问题，及协同设计；另一种是通过对 3D 模型的冲突进行检查，查找并修改，即冲突检查。至今，冲突检查已成为人们认识 BIM 价值的代名词，实践证明，BIM 的冲突检查已取得良好的效果。

a　协同设计

传统意义上的协同设计很大程度上是指基于网络的一种设计沟通交流手段，以及设计流程的组织管理形式。包括通过 CAD 文件、视频会议、通过建立网络资源库、借助网络管理软件等。

基于 BIM 技术的协同设计是指建立统一的设计标准，包括图层、颜色、线型、打印样式等，在此基础上，所有设计专业及人员在一个统一的平台上进行设计，从而减少现行所有图纸信息员的单一性，实现一处修改其他自动修改，提升设计效率和设计质量。协同设计工作是一种协作的方式，使成本可以降低，可以更快地完成设计同时，也对设计项目的规范化管理起到重要作用。

协同设计有流程、协作和管理三类模块。设计、校审和管理等不同角色人员利用该平台中相关功能实现各自工作。

b　碰撞设计

二维图纸不能用于空间表达，使得图纸中存在许多意想不到的碰撞盲区，并且目前的设计方式为"隔断式"设计，各专业分工作业，依赖人工协调项目内容和分段，这也导致设计往往存在专业碰撞。同时，在机电设备和管道线路的安装方面还存在软碰撞的问题（即实际设备、管线间不存在实际的碰撞，但在安装方面会造成安装人员、机具不能到达安装位置的问题）。

基于 BIM 技术可将两个不同专业的模型集成为两个模型，通过软件提供的空间冲突检查功能查找两个专业构件之间的空间冲突可疑点，软件可以在发现可疑点时向操作者报警，经人工确认该冲突。冲突检查一般从初步设计后期开始进行，随着设计的进展，反复进行"冲突检查—确认修改—更新模型"的 BIM 设计过程，直到所有冲突都被检查出来并修正，最后一次检查所发现的冲突数为零，则标志着设计已达到 100% 的协调。一般情况下，由于不同专业是分别设计、分别建模的，任何两个专业之间都会存在冲突关系，如：（1）建筑与结构专业，标高、剪力墙、柱等位置不一致，或梁与门冲突；（2）结构与设备专业，设备管道与梁柱冲突；（3）设备内部各专业，各专业与管线冲突；（4）设备与室内装修，管线末端与室内吊顶冲突。冲突检查过程是计划与组织管理的过程，冲突检查人员也被称作"BIM 协调工程师"，他们将负责检查结构进行记录、提交、跟踪提醒与覆盖确认。

G　设计阶段造价控制

设计阶段是控制造价的关键阶段，在方案设计阶段，设计活动对工程造价影响较大。理论上，我国建设项目在设计阶段的造价控制主要是方案设计阶段的设计估算和初步设计阶段的设计概算，而实际上大量的工程并不重视估算和概算，而将造价控制的重点放在施工阶段，错失了造价控制的有利时间。基于 BIM 模型进行设计过程的造价控制具有较高的可实施性。由于 BIM 模型中不仅包括建筑空间和建筑构件的几何信息，还包括构件的材料属性，可以将这些信息传递到专业化的工程量统计软件中，由工程量统计软件自动生成产生符合相应规则的构建工程量。这一过程基于对 BIM 模型的充分利用，避免了在工程量统计软件中未计算工程量而专门建模的工作，可以及时反映与设计对应的工程造价水平，为限额设计和价值工程在优化设计上的应用提供了必要的基础，使适时的造价控制成为可能。

H　施工图生成

设计成果中最重要的表现形式就是施工图，它是含有大量技术标注的图纸，在建筑工程的施工方法仍然以人工操作为主的技术条件下，2D 施工图有其不可替代的作用，但是传统的 CAD 方式存在的不足也是非常明显：当产生了施工图后，如果工程的某个局部发生设计更新，则会同时影响与该局部相关的多张图纸，如一个柱子的断面尺寸发生变化，则含有该柱的结构平面布置图、柱配筋图、建筑平面图、建筑详图等都需要再次修改，这种问题在一定程度上影响了设计质量的提高。

BIM 模型是完整描述建筑空间与构件的 3D 模型，基于 BIM 模型自动生成 2D 图纸是一种理想的 2D 图纸产出方法。理论上，基于唯一的 BIM 模型数据源，任何对工程设计的实质性修改都将反映在 BIM 模型中，软件可以依据 3D 模型的修改信息自动更新所有与该修改相关的 2D 图纸，由 3D 模型到 2D 图纸的自动更新将为设计人员节省大量的图纸修改时间。

3.1.3 全过程造价管理

3.1.3.1 全过程造价管理的内容

业主方投资的根本需求是实现投资增值。建设项目的业主方对项目投资的目标不仅仅是节约投资，而是使投资实现增值，即实现对项目投入 1 亿元资金，能产生至少大于 1 亿元的经济效益或社会效益。一个建设项目的团队由设计、施工、项目管理、造价咨询、招标代理、工程监理等机构组成，通过其专业能力，实现建设项目的全生命周期造价管理，使业主方的投资实现增值。如果造价咨询机构能为业主方提供投资增值服务，其服务价值、行业定位、收入水平都将大幅提高。因此，造价咨询机构应把其企业使命定位为项目投资实现增值。

3.1.3.2 BIM 在全过程造价管理方面的应用

要实现投资增值就必须使用全过程造价管理的咨询方法。建设项目的全过程造价管理分为两个阶段：第一阶段是项目计划阶段，第二阶段是合同管理阶段。全过程造价管理两个阶段分别使用了两个投资增值关键技术，一是指标应用技术，二是合同管理技术。应用指标应用技术，能准确估算出项目的工程造价；在准确估算项目投资的基础上，应用合同管理技术，能严格控制项目的工程造价，使结算价严格控制在概算价（或估算价）范围内，配合投资者的商业判断和决策，项目的营运收益就能够实现，从而实现投资增值。

应用以上两种投资增值的关键技术，都必须有工程量数据予以支持，在没有 BIM 技术的时代，计算工程量耗费了造价工程师大量的时间和精力。

在项目计划阶段对工程造价进行预估，应用 BIM 技术可以为造价工程师提供各设计阶段准确的工程量和丰富的工程项目特征参数、设计参数和功能参数，这些工程量和参数与技术经济指标结合，可以计算出准确的估算、概算，再运用价值工程和限额设计等手段优化设计成果。

在合同管理阶段，应用 BIM 技术可以提取项目各部位准确的工程量，当项目发生工程变更，用变更信息及时修改 BIM 模型，可以准确统计出变更的工程造价。造价工程是根据"项目当前造价=合同造价+变更工程造价"原理，可以动态监控建设项目的当前造价，为业主方批准变更提供专业意见和建议，协助投资人对投资进行严格的控制。同时，将 BIM 模型数据上传到服务器端，项目管理团队通过互联网可以快速准确获得工程量及工程变更数据，造价工程师、承包商、业主可使用网络共享的 BIM 数据模拟实现网上工程量对数业务。

3.1.3.3 BIM 在建设工程多次定价方面的应用

一般工业产品的定价是一次形成的。而建设工程作为一个特殊的商品，其价格不是一次形成的。建设工程的价格在项目建设的不同阶段有不同的定价方式，需要经历估算价、概算价、合同价，最终通过结算价予以确定。BIM 基数为建设工程各阶段定价提供的工程量数据的要求有所不同。

在估算阶段：建筑师或工艺设计师建立 BIM 模型，造价工程师只能从 BIM 模型获取粗略的工程量数据。这些粗略的工程数据必须和造价工程师掌握的指标数据结合，才能计算出准确的估算价。甚至在这个阶段，造价工程师不需要图纸或 BIM 模型的工程量数据，也能根据指标作出准确的估算。

在概算阶段：随着结束设计深化及细化，工程项目的各种功能参数、特征参数、设计参数不断增加。造价工程师可以从 BIM 模型获得建设项目参数和工程量。将项目参数和工程量结合，查询指标数据或概算数据库，可以计算出准确的概率价。通过 BIM 模型仿真不同的设计方案，造价工程师可以针对不同的设计方案测算其概算指标，从而知道设计人员开展价值工程和限额设计。

在施工图预算阶段：根据施工图纸设计成果，可以建立准确详细的 BIM 模型。为造价工程师编制准确的施工图预算提供准确的工程量。为业主方编制准确的施工图预算提供准确的工程量数量。

在招标投标阶段：根据 BIM 模型，招标单位可以编制高质量的工程量清单，实现清单不漏项、工程量不出错的效果。投标人根据 BIM 模型获得正确的工程量，与招标文件的工程量清单比较，可以制定出更好的招投标策略。

在签订合同阶段：BIM 模型与合同对应，为承发包双方建立一个与合同价对应的基准 BIM 模型。这个基准 BIM 模型是计算变更工程量和结算工程量的基准。

在施工阶段：BIM 模型记录各种变更的几何数据、工程量数据和各种变更签证数据，并提供 BIM 模型的各个变更版本，为审批变更和计算变更工程量提供基础数据。结合施工进度数据，按施工进度提取工程量，未支付申请提供工程量数据。

在结算阶段：BIM 模型已经调整到与竣工工程的实体一致，为结算提供准确的结算工程量数据。

全过程数据提供服务（Project Data Providing Services，PDPS）是通过第三方专业团队直接提供项目全过程数据服务，目前国内已经出现为客户提供项目数据全过程服务的 BIM 服务商。BIM 服务商为业主方提供 BIM 建模、建立 BIM 数据服务器、全过程数据维护和数据服务，满足建设工程多次定价的全过程数据获取的需求。项目数据全过程服务主要内容如表 3-1 所示。

表 3-1　项目数据全过程服务内容

序号	阶　　段	服务内容详细
1	建模算量 基本服务	建模 算量
2	设计	量指标合理性分析、为价值工程和限额设计提供项目特征数据和模拟工程量数据
3	招投标	工程量分析、不平衡报价
4	项目全过程 BIM 维护与数据提供	项目经理、经营主管、预算造价人员、结算（业主、分包）、采购人员、仓库发料员 BIM 维护
5	下料翻样审核	施工下料服务
6	结算、审计	量审核
7	工程资料数据库建立	在 BIM 中建立工程资料档案
8	现场服务	量数据分析

3.1.4　施工管理

3.1.4.1　施工管理的内容

建设工程项目的全寿命周期包括项目的决策、实施和使用阶段。而业主方的项目管理工作也是项目的实施阶段，包括：设计准备阶段、设计阶段、施工阶段、动用前准备阶段和保修期五个阶段。业主方施工管理阶段的工作内容包括：投资控制、进度控制、质量控制、安全管理、合同管理、信息管理及组织和协调工作，简称"三控、三管、一协调"。

3.1.4.2　施工准备和施工

施工准备与施工阶段在确保工程各项目标的前提下，是建设工程的重要环节，也是周期最长的环节。这一阶段的工作内容是如何保质保量按期完成建设任务，项目管理工作的内容围绕着施工，开展"三控、三管、一协调"工作。

（1）投资控制的主要内容。深度分析论证投资目标；对年、季、月度资金使用情况编制报表并控制执行；对各类工程付款及采购款的支付申请进行审核；投资计划值与实际值进行定期比较；审核处理各项施工索赔事宜等。

（2）进度控制的主要内容。分析论证施工总进度目标；审核各专业施工进度计划并控制其执行；设计方、施工方、材料设备供应方提交的施工进度计划和供应计划进行审核并监督其执行；编制年、月、季度进度控制报告等。

（3）质量控制的主要内容。组织完成施工现场的"三通一平"工作，提供工程地质和地下管线资料，提供水准点和坐标控制点等；办理施工申报手续，取得施工许可证；组织图纸会审与设计交底；对承包单位技术管理体系和质量保证体系进行审核；审核分包单位资质及原材料、构配件、设备等的各项证明、对施工质量全过程进行监督等。

（4）安全控制的主要内容。建立落实安全生产责任制；督促施工单位健全并落实安全生产的组织保证体系和安全人员设备；审核入场的施工单位及分包单位的安全资质及证明文件；对施工方案及安全技术措施进行审核等。

（5）合同管理的主要内容。选择合同类型与合同形式；合同文件起草、谈判与签约；进行合同跟踪，及时性掌握合同的履行情况；合同变更处理等。

（6）组织与协调的主要内容。主持并协调项目各参建方的关系；对与政府各有关部门以及社会各方的关系进行组织协调；健全项目报建、施工许可证等证照及各项审批手续。

3.1.4.3　施工阶段存在的问题

（1）施工组织设计与施工方案和施工现场情况的不一致性，造成现场管理协调难度大。出现此问题的原因：一方面是对施工周边环境及施工组织工作了解不够，施工场地、材料计划、施工计划考虑不充分，造成施工进度延误、误工等问题；另一方面现有的技术手段仍停留在二维的基础上，譬如施工场地布置安排、进度计划、工程量，乃至现场人、材、机的安排，工序的穿插等等。

（2）设计深度不够，增加了现场施工的各种不可预见性。施工管线综合图、结构预留孔洞图、装饰装修等深化设计、预制构件加工、定位设计图纸的深度不够，必然会在现场施工过程中留下各种问题。这些问题往往会带来施工的很多"盲点"，譬如预留孔洞位置是否正确、管线之间是否存在碰撞的问题、预算工程量与实际工程量的偏差问题、技术问题解决不及时带来的工期延误问题等等，而出现这些问题的根本原因就是图纸表达不够精细，加大了工程质量、投资、进度等目标控制难度。

（3）施工过程精细化管理程度不够。随着绿色建筑、装配式建筑的提出，建设工程施工管理的规范化、标准化要求越来越高。在业主方对工程质量要求提高、对工程进度要求严格的前提下，如何更好地控制成本，粗放式的管理已经不能解决这三者之间的矛盾，是越来越多的建设单位或施工总承包单位亟须解决的问题。

3.1.4.4　BIM 在施工阶段的应用

BIM 技术在施工阶段的应用，从可视化、精细化、动态管理，到精准的深化设计，再到过程中总体和局部三维、四维、五维模拟施工，有效地解决了上述施工阶段存在的问题。

（1）施工组织设计可以在二维图纸基础上，建立三维模型，将二维的进度计划导入模型，根据场地模型，展示动态的四维施工组织与施工进度模拟，同时可以分阶段、分专业统计主要材料的工程量，提出采购计划和资金使用计划，做到五维投资、进度控制。在建设项目开工之前，在 BIM 模型上进行"彩排"，精确、直观地进行施工组织模拟，提前进行各种方案的模拟，分析问题、解决问题，避免现场施工过程中出现的交叉作业施工"打架"带来的工期延误、投资浪费、质量安全风险隐患等。使管理者更好地掌控工程总体进度，实现项目各项目标。

（2）设计深度不够是目前设计图纸存在的普遍问题，BIM 技术从建设项目微观的角度，解决这方面的问题。BIM 模型涵盖了项目的重要信息，既可以绘出详细的施工图，又能解决局部构件的加工图、安装定位图，在设备专业，可以作出详细的施工管线综合排布、预留孔洞精确的定位，较好地解决了现场精细化施工问题。

（3）针对装配式建筑、绿色建筑要求，可以通过 BIM 模型进行分析、优化。譬如：四维施工模拟，可以可视化地将工程进度计划融入到模型中，更加直观地控制好工程进度；总工程量和分阶段、分专业统计，根据计划及时安排好材料采购计划，对投资进行精细化管理，避免各种浪费；对于施工的重点、难点，提前在模型上面进行施工模拟，更好地控制工程质量和安全。

3.1.5　销售管理

项目销售是商业项目开发最重要的环节，任何人都知道没有销售就没有商业项目开发。商业地产项目销售本身就有一套方法，也包含很多学问。这里讨论如何进行商业地产项目的销售，是指如何利用 BIM 技术，给商业地产项目的销售提供辅助的工具，最终可以促进销售。

3.1.5.1　建筑性能辅助户型定价

决定商业地产销售价格的因素很多，项目所在的城市和地段的影响最大，当然本章节我们不讨论选址问题。在这里，主要讨论的是即将开始销售的商业地产项目，也就是说时间、地点等因素已经固定了，只是不同的楼层、不同的户型，因为高度、朝向的不同，因为景观、日照、噪声、能耗等不同导致售价的不同，而这些差异，由于有了一系列量化的数据对照，给户型定价提供了更科学的依据。

如果没有这些数据作为参考，通常也就主要考虑层数，朝南、朝北、朝东、朝西，山景、海景、江景、小区园景等大的因素。但如果从更科学的角度出发，还可以更具体和科学地计算。例如，相同的楼层、相同朝向，也许因为附近建筑物的遮挡的不同，景观就有差异，而差异的多少，如果没有科学的计算数据，就无法做出客观的评价，自然就无法做出价格的差异。如果真要考虑景观价格的差异，就只能到现场实地逐一观察，这无疑是件十分辛苦的事情。同样噪声因噪声源（马路、饭店、停车场等）的距离、遮挡或反射情况的不同，其噪声强度相差很大，但相同楼层和朝向的户型，在城市高楼密集地区，被遮挡的差异也是非常大的。而能耗方面，由于涉及风环境、日照等情况，其能耗也是有差异的，南方西晒，夏天制冷的能耗比其他朝向要高出很多也是常识。所以，仅从楼层、朝向等几个简单的指标去确定户型价格，是比较粗放的计算。再就是观察、评估工作量巨大，且缺乏科学依据。因此，利用科技手段，科学、客观、高效辅助户型定价是很有必要的。

3.1.5.2 景观可视度辅助户型定价

基于 BIM 技术的景观可视度分析，就是建立项目自身的 BIM 模型，同时还要把对本项目有影响的周边建筑、道路、景观模型等建立起来，尤其是价值较大、对售价有影响的景观，包括城市标志性建筑物、风景优美的公园、海面、江面等。当然，景观可视度不是传统的电脑效果图，它是从分析的角度计算，所以这些项目周边的模型只需体量，也就是只需要位置、尺寸正确即可，而不像电脑效果图那样需要很惊喜漂亮的模型。

有了这些模型，我们就可以对任意需要考虑景观因素户型的窗户、阳台进行景观可视度计算。可以挑选主要的景观，通过软件计算，通常得出这些景观投射到要定价的户型的窗户、阳台上的景观目标可视面积和可视率（目标景观可视面积是指目标景观投射到要计算的窗户上的面积。目标景观可视率则是指目标景观投射到要计算的窗户的可见的百分比，全部可见为 100%，一半可见为 50%）。

通常，有价值的景观评估是用可视面积来衡量，同一个景观戏水池，在不同朝向、不同楼层的窗户中，因为距离、角度的不同，计算出的可视面积是不同的，所以，通过可视面积来衡量某景观价值是可以有量化数据参考的。

但仅有可视面积有时还不够，尤其是评估一些不好的景观的情况。例如，附近有个很难看的烟囱，通过可视面积来衡量看到它多少，显然已经没多大的意义，因为可视面积是0.6 还是 0.2 都看得到。此刻，衡量它能看到还是看不到就更为直接，所以，这种情况使用景观可视率来衡量更为有效。

3.1.5.3 日照时间辅助户型定价

俗话说，"万物生长靠太阳"。人类生存是不能没有太阳的，但现在城市人口在急剧增加，城市用地寸土寸金，房子也就越建越密。为此，国家颁布了《城市居住规划设计规范》，规定大城市住宅日照标准为大寒日大于 2 小时，冬至日大于 1 小时。曾经出现过精明的消费者在看中的户型中守护一天观察其日照情况的案例，对达不到国家规定的日照标准提出异议，要求补偿。

不过，日照也不是越多越好，北方寒冷地区当然是需要更多的日照，但南方炎热地区反而不希望过多的日照，尤其是朝西方向，夏天下午西晒无疑导致消耗更多的制冷能源。所以，不同地区的人们对日照要求不同。同一个楼盘不同朝向的户型也有区别，换句话说，日照时间的长短，其户型价值是有差异的。如果有量化的数据，无疑对科学定价提供可靠的依据，同时有了可靠的分析数据作为依据，也可避免不必要的买卖纠纷。

　　理论上日照时间的长短与时间、地点、朝向有关，但在城市高楼林立的地方，还多了一个相邻的高楼遮挡的因素。虽然各地在城市规划里都有相关规定来防止建筑密度过多过大的现象，但目前城市规划管理还没有细到可以考虑到每栋建筑物，每个户型是否被遮挡的情况。所以，对于项目开发商自己，除了在项目开发可行性分析时，进行科学的日照分析，优化设计方案外，对于已建成并进行销售的房子，利用 BIM 的技术，不但建立自身的建筑模型，还根据周围环境建立相邻的建筑物进行全面的日照分析，把户型日照时间、相邻建筑物遮挡情况的数据综合起来，为户型定价提供科学的数据依据。

3.1.5.4　能耗分析辅助户型定价

　　建筑能耗包括照明、电视、音响、电脑、电热水器、烹饪、电梯、空调等。据悉，在建筑总耗能中，生活热水能耗约占 15%，烹饪占 40%~60%，而采暖和空调能耗是一项日常不可忽视的费用。此外，采暖和空调能耗与建筑性能关系密切，通过在项目前期科学的计算分析，是可以改善项目的温度，继而节省采暖和空调能耗。

　　但对于买楼或租房的客户，在没有入住之前是无从知道其采暖和空调的费用，尤其是那些采用绿色技术打造的建筑，客户如何从更具体的数据得知购买或租用的绿色建筑会带来多少能耗的节约，所以，需要有具体的数据作为参考。

　　能耗模拟分析在 BIM 模拟基础上，加入了建筑围护结构的热特征值，项目所在地区的气候参数，经过分析模拟，就可以计算出全年的能耗情况。例如：对于某个户型，在BIM 模型里，把该项目的维护结构的热特征值、气候参数、室内产生热量、居住人员情况、照明、电器等参数输入，然后设定舒适的最低温度和最高温度，通常该范围是 18~26℃（按照我国《公共建筑节能设计标准》规定，在夏天空调制冷时，室内温度设定每升高 1℃，能耗可减少 8%~10%）。通过分析计算，就可以得到该户型的全年的能耗，有了这些参数作为基础，尤其是采用了节能技术的建筑物，其能耗减少的数据就可以提供给买楼或租房的客户作参考。开发商具体的数据，可展示其项目价值和优势。

3.1.5.5　虚拟售（租）楼

　　俗话说，"眼见为实"，几乎所有地产销售都要有样板房提供给购房的客户参观，对于客户是最直接的体验。但是，样板房也有它的局限性，大部分楼盘是在还没有竣工前就开始销售了，虽然样板房可以清楚地体验其户型的布局，交楼的装修标准。但却无法体验到客户想购买的那套户型外面的实际景观、日照、采光、私密性等情况是怎样的，因为这个时候也许该套户型还在施工中，或者根本还没有建造出来，连看个毛坯都还不行。

　　即使是已建成完工的项目，尤其是租赁的办公室，很多时候客户还是外地的，看现楼既花费差旅成本又占用时间，虽然传送照片和视频是其中方法之一，但客户没有身临其境的体验。

　　BIM 虚拟看楼租售就给销售租赁多了一个手段，通过计算机虚拟技术，以 BIM 的真实模型为基础，让客户在虚拟的空间随意漫游观看。这里之所以强调的是以 BIM 的真实模型为基础，是因为目前大多数的电脑效果或动画都是以漂亮的视觉效果来吸引眼球，但其真实性往往与实际有差距，甚至是有相当的差距。而 BIM 模型是设计、施工使用的实际模型，换句话说，设计和施工是以该模型进行的，与最终的实际是一致的。这样，客户看到的虚拟场景就比较真实可靠。

结合前面提到的景观、日照、风、噪声、能耗等分析结果数据，客户还可以看到除样板以外更多的、形象的图标，使客户可以更清楚了解到日照一天的情况，冬季日照会照到什么地方，日照时间会多久，夏季又会是怎样的，房间在自然通风时的流动路线是怎样的；白天打开窗户时噪声会是多少，晚上关闭窗户时噪声会多大；全年什么时候要采暖，什么时候要开冷气，要开多长时间等。这样，客户就可以提前了解到心仪的户型在居住时的情况，使房地产销售租赁的手段更加丰富和科学化、人性化。

3.1.6 运营维护管理

3.1.6.1 传统运营维护管理存在的问题

目前，传统的运营管理阶段存在的问题主要有：一是目前竣工图纸、材料设备信息、合同信息、管理信息分离，设备信息往往以不同格式和形式存在于不同位置，信息的凌乱造成运营管理的难度；二是设备管理维护没有科学的计划性，仅仅是根据经验不定期进行维护保养，难以避免设备故障的发生带来的损失，处于被动式地管理维护；三是资产运营缺少合理的工具支撑，没有对资产进行统筹管理统计，造成很多资产的闲置浪费。

BIM 技术可以保证建筑产品的信息创建便捷、信息存储高效、信息错误率低、信息传递过程高精度等，解决传统运营管理过程中最严重的两大问题：数据之间的"信息孤岛"和运营阶段与前期的"信息断流"问题，整合设计阶段和施工阶段的关联基础数据，形成完整的信息数据库，能够方便运维信息的管理、修改、查询和调用，同时结合可视化技术，使得项目的运维管理更具操作性和可控性。

3.1.6.2 BIM 在运维阶段应用的优势

A 数据存储借鉴

利用 BIM 模型，提供信息和模型的结合。不仅将运维前期的建筑信息传递到运维阶段，更保证了运维阶段新数据的存储和运转。BIM 模型所存储的建筑物信息，不仅包含建筑物的几何信息，还包含大量的建筑性能信息。

B 设备维护高效

利用 BIM 模型可以储存并同步建筑物设备信息，在设备管理子系统中，有设备的档案资料，可以了解各设备可使用年限和性能；设备运行记录，了解设备运行时间和运行状态；设备故障记录，对故障设备进行及时的处理并将故障信息进行记录借鉴；设备维护维修，确定故障设备的及时反馈以及设备的巡视。同时还可以利用 BIM 可视化技术对建筑设施设备进行定点查询，直观地了解项目的全部信息。

C 物流信息丰富

采用 BIM 模型的空间规划和物资管理系统，可以随时获取最新的 3D 设计模型，以帮助协同作业。在数字空间进行模拟现实的物流情况，显著提升庞大物流管理的直观性和可靠性，使服务者了解庞大的物流管理活动，有效降低服务者进行物流管理时的操作难度。

D 数据同步关联

BIM 模型的关联性构建和自动化统计特性，对维护运营管理信息的一致性和数据统计的便捷化作出了贡献。

3.1.6.3　BIM 在运营期的应用

A　空间管理

空间管理主要是满足组织在空间方面的各种分析及管理需求，更好地响应组织内各部门对于空间的请求及高效处理日常相关事务，计算空间相关成本、执行成本分摊等内部核算，增强企业各部门控制非经营性成本的意识，提高企业受益。

a　空间分配

创建空间分配基准，根据部门功能，确定空间场所类型和面积，使用客观的空间分配方法，消除员工对空间场所的疑虑，同时快速地为新员工分配可用空间。

b　空间规划

将数据库和 BIM 模型整合在一起的智能系统跟踪空间的使用情况，提供收集和组织空间信息的灵活方法。根据实际需要、成本分摊比率、配套设施和座位容量等参考信息，使用预订空间，进一步优化空间使用效率；并且基于人数、功能用途及后勤服务预测空间占用成本，生成报表、制定空间发展规划。

c　租赁管理

大型商业地产对空间的有效利用和租售是业主实现经济效益的有效手段，也是充分实现商业地产经济价值的表现。应用 BIM 技术对空间进行可视化管理，分析空间使用状态、收益、成本及租赁情况，业主通过三维可视化直观地查询定位到每个租户的空间位置以及租户的信息，如租户名称、建筑面积、租约区间、租金情况、物业管理情况；还可以实现租户的各种信息的提醒功能。同时根据租户信息的变化，实现对数据的及时调整和更新。从而判断影响不动产财务状况的周期变化及发展趋势，帮助提高空间的投资回报率，并能够抓住出现的机会及规避潜在的风险。

d　统计分析

开发成本分摊比例表、成本详细分析、人均标准占用面积、组别标准分析等报表，方便获取准确的面积和使用情况信息，满足内外部报表需求。

B　资产管理

资产管理是运用信息化技术增强资产监管力度，降低资产的闲置浪费，减少和避免资产流失，使业主在资产管理上更加全面规范，从而整体上提高业主资产管理水平。

a　日常管理

日常管理主要包括固定资产的新增、修改、转移、删除、借用、归还、计算折扣率及残值率等日常工作。

b　资产盘点

按照盘点数据与数据库中的数据进行核对，并对正常或异常的数据做出处理，得出资产的实际情况，并按单位、部门生成盘盈明细表、盘亏明细表、盘亏明细附表、盘点汇总表、盘点汇总附表。

c　折旧管理

折旧管理包括计提资产月折扣、打印月折旧报表、对折旧信息进行备份，恢复折旧工作、折旧手工录入、折旧调整。

　　d　报表管理

可以对单条或一批资产的情况进行查询，查询条件包括资产卡片、保管情况、有效资产信息、部门资产统计、退出资产、转移资产、历史资产、名称规格、起始及结束日期、单位或部门。

　　e　维护管理

建立设施设备基本信息库与台账，定义设施设备保养周期等属性信息，建立设施设备维护计划；对设施设备运行状态进行巡检管理并生成运行记录、故障记录等信息，根据生成的保养计划自动提示到期需保养的设施设备；对出现故障的设备从维修申请，到派工、维修、完工验收等实现过程化管理。

　　C　公共安全管理

公共安全管理指应对火灾、非法侵入、自然灾害、重大安全事故和公共卫生事故等危害人们生命财产安全的各种突发事件，建立起应急及长效的技术防范保障体系。基于 BIM 技术可存储大量具有空间性质的应急管理所需要数据，可以协助应急响应人员定位和识别潜在的突发事件，并且通过图形界面准确确定其发生的位置。并且 BIM 模型中的空间信息也可以用于识别疏散线路和环境危险之间的隐藏关系，从而降低应急决策指令的不确定性。另外，BIM 也可以作为一个模拟工具，来评估突发事件导致的损失，并且对响应计划进行讨论和测试。

　　D　能耗管理

对于业主，有效地进行能源的运行管理是业主在运营管理中提高收益的一个主要方面。基于该系统通过 BIM 模拟可以更方便地对租户的能源使用情况进行监控与管理，赋予每个能源使用记录表以传感功能，在管理系统中及时做好信息的收集，通过能源管理系统对每个能源情况进行统计分析，并且可以对异常使用情况进行警告。

3.2　设计方 BIM 技术的应用

3.2.1　方案设计

3.2.1.1　方案设计的内容

方案设计主要是指从建筑项目的需求出发，根据建筑项目的设计条件，研究分析满足建筑功能和性能的总体方案，提出空间架构设想、创意表达形式及结构方式的初步结局方法等，为项目设计后续若干阶段的工作提供依据及指导性文件，并对建筑的总体方案进行初步的评价、优化和确定。

方案设计阶段的 BIM 应用主要利用 BIM 技术对项目的可行性进行验证，对下一步的深化工作进行指导和方案细化。利用 BIM 软件对建筑项目所处的场地环境进行必要的分析，如坡度、方向、高程、纵横断面、填挖方、等高线、流域等，作为方案设计的依据，进一步利用 BIM 软件建立模型，输入场地环境相应的信息，进而对建筑物的物理环境（如气候、风速、地表热辐射、采光、通风）、出入口、人车流动、结构、节能排放等方面进行模拟分析，选择最优的工程设计方案。

3.2.1.2　BIM 在方案阶段的具体应用

A　概念设计

概念设计是指利用设计概念并以其为主线贯穿全部设计过程的设计方法。它是完整而全面的设计过程，通过设计概念将设计者繁复的感性和瞬间思维上升到统一的理性思维从而完成整个设计。概念设计阶段是整个设计阶段的开始，设计成果是否合理、是否满足业主要求，对整个项目后续阶段实施具有关键性作用。

基于 BIM 技术的高度可视化、协同性和参数化的特性，建筑师在概念设计阶段可实现在设计思路上的快速精确表达的同时实现与各领域工程师无障碍信息交流与传递，从而实现了设计初期的质量、信息管理的可视化和协同化。在业主要求或设计思路改变时，基于参数化操作可快速实现设计成果的更改，从而大大提高了方案阶段的设计进度。

BIM 技术在概念设计中应用主要体现在空间形式思考、饰面装饰及材料运用、室内装饰色彩选择等方面。

B　空间设计

空间形式及研究的初步阶段在概念设计中称其为区段划分，是设计概念运用中首要考虑的部分。

a　空间造型设计

空间造型设计即对建筑进行空间流线的概念设计，例如某设计是以创造海洋或海底世界的感觉为概念，则其空间流线将应多采用曲线、弧线、波浪线的形式为主。当对形体结构复杂的建筑进行空间造型设计时，利用 BIM 技术的参数化设计可实现空间形体的基于变量的形体生成和调整，从而避免传统概念设计的工作重复，设计表达不直观等问题。

b　空间功能设计

空间功能设计即对各个空间组成部分的功能合理性进行分析设计，传统方式中采用列表分析，图例比较的方法对空间进行分析，思考各空间的相互关系，人流量的大小，空间地位的主次，私密性的比较，相对空间的动静研究等。基于 BIM 技术可对建筑空间外部和内部进行仿真模拟，在符合建筑设计功能性规范要求的基础上，高度可视化模型可帮助建筑设计师更好地分析其空间功能是否合理，从而实现进一步的改进、完善。这样有利于在平面布置上更有效、合理的运用现有空间使空间的实用性充分发挥。

c　饰面装饰初步设计

饰面装饰设计中，对材料的选择是影响是否能准确表达设计概念的重要因素。选择具有人性化的带有民族风格的天然材料，还是选择高科技的、现代感强烈的饰材，都是由不同的设计概念所决定的。基于 BIM 技术，可对模型进行外部材质选择和渲染，甚至还可对建筑周边环境进行模拟，从而能够帮助建筑师高度仿真地置身模拟中对饰面装修设计方案进行体验和修改。

d　室内装饰初步设计

色彩的选择往往决定了整个室内气氛，同时也是表达设计概念的重要组成部分。在室内设计中设计概念即是设计思维的演变过程，也是设计得出所能表达概念的结果。基于 BIM 技术，可对建筑模拟进行高度仿真性内部渲染，包括室内材质、颜色、质感甚至家具、设备的选择和布置，从而有利于建筑设计师更好地选择和优化室内装饰初步方案。

e 场地规划

场地规划是指为了达到某种需求，从而对土地进行长时间的刻意的人工改造和利用。这其实是对所有和谐的适应关系的一种图示即分区与建筑、分区与分区。所有这些土地利用都与场地地形适应。

基于 BIM 技术的场地规划实施管理流程和内容如表 3-2 所示。

表 3-2 场地规划实施管理流程表

步骤	流　程	实　施　管　理　内　容
1	数据准备	(1) 地勘报告、工程水文资料、现有规划文件、建设地块信息； (2) 电子地图（周边地形、建筑属性、道路用地性质等信息）、GIS 数据
2	操作实施	(1) 建立相应的场地模型，借助软件模拟分析场地数据，如坡度、方向、高程、纵横断面、填挖方、等高线等； (2) 根据场地分析结果，评估场地设计方案或工程设计方案的可行性，判断是否需要调整设计方案；模拟分析、设计方案调整是一个需多次推敲的过程，直到最终确定最佳设计方案或工程设计方案
3	成果	(1) 场地模型。模型应体现场地边界（如用地红线、高程、正北向）、地形表面、建筑地坪、场地道路等； (2) 场地分析报告。报告应体现三维场地模拟图像、场地分析结果，以及对场地设计方案或工程设计方案的场地分析数据对比

BIM 技术在场地规划中应用主要包括场地分析和整体规划。

(1) 场地分析。场地分析是对建筑物的定位、建筑物的空间方位及外观、建筑物和周边环境的关系、建筑物将来的车流、物流、人流等各方面的因素进行集成数据分析的综合。场地设计需要解决的问题主要有：建筑及周边的竖向设计确定、主出入口和次出入口的位置选择、考虑景观和市政需要配合的各种条件。在方案策划阶段，景观规划、环境现状、施工配套及建成后交通流量等方面，与场地的地貌、植被、气候条件等因素关系较大。传统的场地分析存在诸如定量分析不足、主观因素过重、无法处理大量数据信息等弊端。通过 BIM 结合 GIS 进行场地分析模拟，得出较好的分析数据，能够为设计单位后期设计提供最理想的场地规划、交通流线组织关系、建筑布局等关键决策。

(2) 总体规划。通过 BIM 建立模型能够更好对项目做出总体规划，并得出大量的直观数据作为方案决策的支撑。例如在可行性研究阶段，管理者需要确定出建设项目方案在满足类型、质量、功能等要求下是否具有技术与经济可行性，而 BIM 能够帮助提高技术在经济可行性论证结果的准确性和可靠性。通过对项目与周边环境的关系、朝向可视度、形体、色彩、经济指标等进行分析对比，化解功能与投资之间的矛盾，使策划方案更加合理，为下一步的方案与设计提供直观、带有数据支撑的依据。

(3) 方案比选。方案设计阶段应用 BIM 技术进行设计方案比选的主要目的是选出最佳的设计方案，为初步设计阶段提供对应的设计模型。基于 BIM 技术的方案设计是利用 BIM 软件，通过制作或局部调整方式，形成多个备选的建筑设计方案模型进行比选，使建筑项目方案的沟通、讨论、决策在可视化的三维场景下进行，实现项目设计方案决策的直观和高效。

　　BIM 系列软件具有强大的建模、渲染和动画技术，通过 BIM 可以将专业、抽象的二维建筑描述通俗化、三维直观化，使得业主等非专业人员对项目功能性的判断更为明确、高效，决策更为准确。同时基于 BIM 技术和虚拟现实技术对真实建筑及环境进行模拟，可出具高度仿真的效果图，设计者可以完全按照自己的构思去构建装饰"虚拟"的房间，并可以任意变换自己在房间中的位置，去观察设计的结果，直到满意为止。这样就使设计者各设计意图能够更加直观、真实、详尽地展示出来，既能为建筑的投资方提供直观的感受也能为后面的施工提供很好的依据。

3.2.2　初步设计

3.2.2.1　初步设计的内容

　　初步设计阶段是介于方案设计阶段和施工图设计阶段之间的过程，是对方案设计进行细化的阶段。在本阶段，推敲完善建筑模型，并配合结构建模进行核查设计。应用 BIM 软件构建建筑模型，对平面、立面、剖面进行一致性检查，将修改后的模型进行剖切，生成平面、立面、剖面及节点大样图，形成初步设计阶段的建筑、结构模型和初步设计二维图。

　　初步设计阶段 BIM 应用主要包括结构分析、性能分析和工程算量计算。

3.2.2.2　BIM 在初步设计阶段结构分析中的具体应用

　　早期计算机进行的结构分析包括：人机交互式输入结构分析参数、内力分析和计算满足要求的钢筋配置数据。整个过程比较耗费时间，人工干预程度也较低，主要由软件自动执行。在 BIM 模型支持下，结构分析参数的处理过程实现了自动化；BIM 软件可以自动将真实的构件关联关系简化成结构分析所需的简化关联关系，能依据构件的属性自动区分出结构构件和非结构构件，并将非结构构件转化成加载于结构构件上的荷载，从而实现了结构分析的自动化。

　　基于 BIM 技术的结构分析主要体现在：

　　（1）通过 IFC 或 Structure Model Center 数据计算模型。

　　（2）开展抗震、抗风、抗火等结构性能设计。

　　（3）结构计算结果存储在 BIM 模型或信息管理平台中，便于后续应用。

3.2.2.3　BIM 在初步设计阶段性能分析中的具体应用

　　利用 BIM 技术，建筑师在设计过程中可赋予所创建的虚拟建筑模型大量建筑信息（几何信息、材料性能、构件属性等）。只要将 BIM 模型导入相关性能分析软件，就可得到相应分析结果，使得原本 CAD 时代需要专业人员花费很多时间输入大量专业数据的过程，如今可自动轻松完成，从而大大降低了工作周期，提高了设计质量，优化了为业主的服务。

　　性能分析主要包括以下几个方面：

　　（1）能耗分析。对建筑能耗进行计算、评估，进而开展能耗性能优化。

　　（2）光照分析。建筑、小区日照性能分析，室内光源、采光、景观可视度分析。

　　（3）设备分析。管道、通风、负荷等机电设计中的计算分析模拟输出，冷、热负荷计算分析，舒适度模拟，气流组织模拟。

（4）绿色评估。规划设计方案分析与优化，节能设计与数据分析，建筑遮阳与太阳能利用，建筑采光与照明分析，建筑室内自然通风分析，建筑室外绿化环境分析，建筑声环境分析，建筑小区雨水采集和利用。

下面以某工程为例，对基于 BIM 技术的性能分析做具体介绍。

在该楼的设计中，引入 BIM 技术，建立三维信息化模型。模型中包括的大量建筑信息为建筑性能分析提供了便利的条件。比如 BIM 模拟中所包含的围护结构传热信息可以直接用来模拟分析建筑的能耗，玻璃透光率等信息可以用来分析室内的自然采光，这样就大大提高了绿色分析的效率。同时，建筑性能分析的结果可以快速地反馈到模型的改进中，保证了性能分析结果在项目设计过程中的落实。

（1）建筑风环境分析。在综合服务大楼的规划设计上，首先根据室内风环境的模拟结果来合理选择建筑朝向，避免建筑的主立面朝向主导风向，这样就有利于冬季的防风保温。且在大楼中央设置了一个通风采光中庭，以此来强化整个建筑的自然通风和自然采光。通过这个中庭，不仅各个房间自然采光大大改善，而且在室内热压和室内风压的共同作用下，整个建筑的自然通风能力大大提高，这样就有效地降低了整个建筑采光能耗和空调能耗。

（2）建筑自然采光分析。在建筑能耗的各个组成部分中，照明能耗所占的比重较大，为了降低照明能耗，自然采光的设计特别重要。在综合服务大楼的设计中，除了引入中庭强化自然采光外，还采用了多项其他技术。

为了验证设计效果，利用 BIM 模型分析大楼建成后室内的自然采光状况。BIM 模型包含了建筑围护结构的种种信息，特别是玻璃透光率和内表面反射率等参数，对采光分析尤为重要。

（3）建筑综合节能分析。由于节能设计涉及多个专业，各个节能措施之间相互影响，仅靠定性化分析很难综合节能方案，因此引入定量化分析工具，根据模拟结果来改进建筑及设备系统设计，达到方案的综合最优。将 BIM 模型直接输入到节能分析软件中，根据 BIM 模型中的信息来预测建筑全年的能耗，再根据能耗的大小调整建筑的各个参数，以实现最终的节能目标。

3.2.2.4 BIM 在初步设计阶段工程量计算中的具体应用

工程量的计算是工程造价中最繁琐、最复杂的部分。利用 BIM 技术辅助工程计算，能大大加快工程量计算的速度。利用 BIM 技术建立起的三维模型可以极尽全面的加入工程建设的所有信息。根据模型能够自动生成符合国家工程量清单计价规范标准的工程量清单及报表，快速统计和查询各专业工程量，对材料计划、使用做精细化控制，避免材料浪费，如利用 BIM 信息化特征可以准确提取整个项目中防火门的准确数字、防火门的不同样式、材料的安装日期、出厂型号、尺寸大小等，甚至可以统计防火门把手等细节。

工程算量主要包括土石方工程、基础、混凝土构件、钢筋、墙体、门窗工程、装饰工程等内容的算量。

A 土石方工程算量

利用 BIM 模型可以直接进行土石方工程算量见表 3-3。对于平整场地的工程量，可以根据模型中建筑物首层面积计算。挖土方量和回填土量按结构基础的体积、所占面积以及所处的层高进行工程算量；造价人员在表单属性中设定计算公式可提取所需工程量信息，精确地高程分析（见图3-3），可以在规划阶段提供更加详细准确的基地标高关系支持；BIM竖向分析支撑详规设计，可提高详规设计的效率、准确性与合理性。

通过土方量分析，调整总图设计和土方平衡方案，在优化了建筑组团与道路关系的同时，缩小了挖填方差，更将挖填方总量大大降低，在初期就极大地降低了成本。

表3-3　土石方平衡表

工程名称	土 方 量		备　注
	填方量	挖方量	
场地平整	282392.55	214204.29	
粉土量		10710.41	粉土系数按5%计算
合　计	282392.55	224918.70	
填方多于挖方	57473.85		

图3-3　精确高程分析

B　基础算量

BIM自带表单功能可以自动统计出基础的工程量，也可以通过属性窗口获取任意位置的基础工程量。大多类型的基础都按特定的基础族模板建模，若某些特殊基础没有特定的建模方式，可利用软件的基本工具（如梁、板、柱）变通建模，但需改变这些构件的类别属性，以便与其原建筑类型的元素相区分，利用工程量的数据统计。

C　混凝土构件算量

BIM软件能够精确计算混凝土梁、板、柱和墙的工程量且与国内工程量计算规范基本一致。对单个混凝土构件，BIM能直接根据表单得出相应工程量。但对混凝土板和墙进行算量时，其预留孔洞所占体积均被扣除。使用BIM软件内修改工具中的连接命令，根据构件类型修正构件位置并通过连接优先顺序扣减实体交接处重复工程量，优先保留主构件的工程量，将此构件的统计参数修正为扣减后的精确数据，避免了构件工程量统计的虚增或减少。

BIM算量可以直接精确计算出模型中各种材料的几何体积（见图3-4）。由于住宅项目的产品、户型、构造技术等均已在前期确定，所以BIM算量在方案阶段的定性对比分析的作用不明显，唯一的亮点就是预制率的把控上。

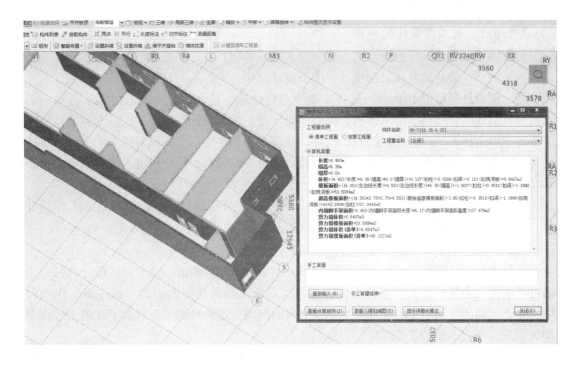

图 3-4　BIM 算量应用

D　钢筋算量

BIM 结构设计软件提供了用于为混凝土柱、梁、墙、基础和结构楼板中的钢筋建模的工具，可以调入钢筋系统族或创建新的族来选择钢筋类型。计算钢筋质量所需要的长度都是按照考虑钢筋量度差值的紧缺长度。

E　墙体钢筋

通过设置，BIM 可以精确计算墙体面积和体积。墙体有多种建模方式：一种是在已知结构构件位置和尺寸的情况下，以墙体实际设计尺寸进行建模，将墙体与结构构件边界线对齐，但这种方式有悖常规建筑设计顺序，并且建模效率很低，出现误差的几率较大；另一种方式是直接将墙体设置到楼层建筑或结构标高处，如同结构构件"嵌入"到墙体内，这样可大幅提升建模速度。

F　门窗工程

从 BIM 模型中可以提取门窗工程量和其他门窗构件的附带信息，包括各种型号的门窗数量、尺寸规格、板框材面积、门窗所在墙体的厚度、楼层位置以及其他造价管理和股价所需信息（如供应商）。此外，还可以自动统计出门窗五金配件的数量等详细信息。

G　装饰工程

BIM 模型也能自动计算出装饰部分的工程量。BIM 有多种饰面构造和材料设置方法，可通过涂刷方式，或在楼板和墙体等系统族的核心层上直接添加饰面构造层，还可以单独建立饰面构造层。

3.2.3　施工图设计

3.2.3.1　施工图设计的内容

施工图设计是建筑项目设计的重要阶段，是联系项目设计和施工的桥梁。本阶段主要通过施工图纸，表达建筑项目的设计意图和设计结果，并作为项目施工制作的依据。

施工图设计阶段的 BIM 应用是各专业模型构建进行优化设计的复杂过程。各专业信息模型包括建筑、结构、给水排水、暖通、电气等专业。在此基础上，根据专业设计、施工等知识框架体系，进行冲突检测、三维管线综合等基本应用，完成对施工图设计的多次优化。针对某些会影响净高要求的重点部位，进行具体分析，优化机电系统空间走向排布和净空高度。

施工图设计阶段 BIM 应用，主要包括各协同设计与碰撞检查、结构分析、工程量计算、施工图出具、三维渲染图出具。

3.2.3.2　协同设计和碰撞检查

在传统的设计项目中，各专业设计人员分别负责其专业内的设计工作，设计项目一般通过专业协调会议，以及相互提交设计资料实现专业设计之间的协调。在许多工程项目中，专业之间因协调不足出现冲突是非常突出的问题。这种协调不足造成了在施工过程中冲突不断、变更不断的常见现象。

BIM 为工程设计的专业协调提供了两种途径：一种是在设计过程中通过有效的、适时的专业间协同工作避免产生大量的专业冲突问题，即协同设计；另一种是通过对 3D 模型的冲突进行检查，查找并修改，即冲突检查。至今，冲突检查已成为人们认识 BIM 价值的代名词，实践证明，BIM 的冲突检查已取得良好的效果。

A　协同设计

协同化设计是项目成员在同一个环境下用同一套标准来完成同一个设计项目；设计过程中，各专业并行设计，沟通及时准确；是针对设计院专业内、专业间进行数据和文件交互、沟通交流等的协同工作。协同化设计的最终目的是使建筑设计各专业内和专业间配合更加紧密，信息传递更加准确有效，减少重复性劳动，最终实现设计效率的提升。协同设计有流程、协作和管理三类模块构成。设计、校审和管理等不同角色人员利用该平台中的相关功能实现各自工作。

B　碰撞检测

设备管线碰撞等引起的拆装、返工和浪费有时会造成成千或上百万元的损失。BIM 技术的应用能够安全避免这种无谓的浪费。传统的二维图纸设计中，在结构、水暖电等各专业设计图纸汇总后，由总图工程师人工发现和解决不协调问题，这将耗费建筑结构设计师和安装工程设计师大量时间和精力，影响工程进度和质量。由于采用二维设计图来进行会审，人为的失误在所难免，使施工出现返工现象，造成建设投资的极大浪费，并且还会影响施工进度。应用 BIM 技术进行三维管线的碰撞检查，不但能够彻底消除硬碰撞、软碰撞，优化工程设计，减少在建筑施工阶段可能存在的错误损失和返工的可能性，而且优化净空，优化管线排布方案。最后施工人员可以利用碰撞优化后的三维管线方案，进行施工交底、施工模拟，提高施工质量，同时也提高了与业主沟通的能力。

例如：BIM 管网综合可在三维模式下对各专业管线进行优化调整，避免碰撞和空间浪费；可对净高进行优化，从而优化层高，减少成本，如图 3-5 所示，管网综合前的空间净高 2440mm，管网综合后空间净高 2600mm，三维节点图、三维空间图对比如图 3-6 所示。

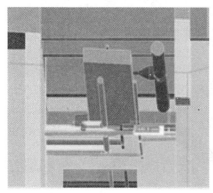

图 3-5　管网综合前 BIM 显示

图 3-6　管网综合后 BIM 显示

如图 3-7 所示，用于碰撞检查的构建模型，需要 100% 模拟实际构件。精确地将每个钢筋、连接件、预留洞口、预埋管线的尺寸位置关系表示出来。

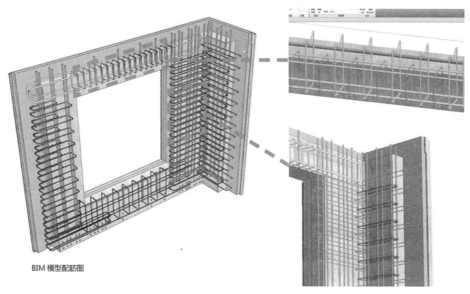

图 3-7　BIM 模拟钢筋实际施工图

如图 3-8 所示，室内管线排布碰撞检查，将标准层室内各管线精确建模后，置入统一模型进行标高检查。传统出图方式只能通过平面设计，难免出现管线标高"打架"的问题；BIM 用在避免碰撞的同时也可以对管线路由进行调整，如图 3-9 所示。

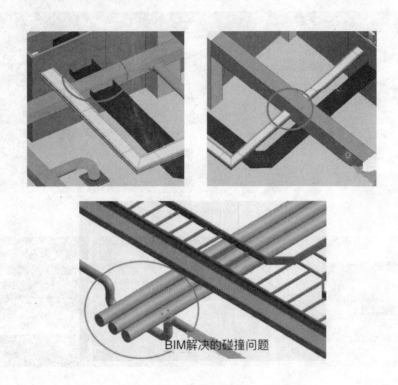

图 3-8　室内管线碰撞检查

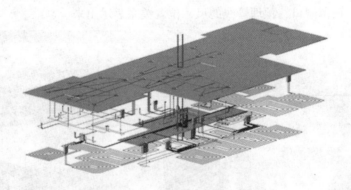

图 3-9　管线路由调整模型

3.2.3.3　施工图纸生成

设计成果中最重要的表现形式就是施工图，施工图是含有大量技术标注的图纸。CAD的应用大幅度提升了设计人员绘制施工图的效率，但是传统方式存在的不足也是非常明显的：在产生了施工图之后，如果工程的某个局部发生设计更新，则会同时影响与该局部相关的多张图纸，如一个柱子的断面尺寸发生变化，则含有该柱的结构平面布置图、主配筋图、建筑平面图、建筑详图等都需要再次修改，这种问题在一定程度上影响了质量的提高。模型是完整描述建筑空间与构件的模型，图纸可以看作模型在某一视角上平行投影视图。基于模型自动生成图纸是一种理想的图纸产出方法，理论上，基于唯一的模型数据源，任何对工程设计的实质性修改都将反映在模型中，软件可以依据模型的修改信息自动更新所有与该修改相关的图纸，由模型到图纸的自动更新将为设计人员节省大量的图纸修改时间。

3.2.3.4 三维渲染图出具

三维渲染图同施工图纸一样，都是建筑方案设计阶段重要的成果展示，既可以向业主展示建筑设计的仿真效果，也可以供团队交流、讨论使用，同时三维渲染图也是现阶段建筑方案设计阶段需要交付的重要成果之一。

3.2.4 绿色建筑设计

3.2.4.1 绿色建筑设计的内容

绿色建筑是指在建筑的全寿命周期内，最大限度节约资源，节能、节地、节水、节材、保护环境和减少污染，提供健康适用、高效适用，与自然和谐共生的建筑。目前，世界各国也都在竞相推出"绿色建筑"来保护地球环境。绿色建筑应该涵盖宜居、节能、环保和可持续发展的四大功能体系。宜居应该考虑满足人的各种需求，如与人心、人性、人欲有关的需求，只有满足了这些需求才算是适合人居住的环境。节能应该考虑能耗和能效，用最低的能耗产品产生最高的能效，满足提高能源的使用效率条件要求。可持续应该考虑我们选用的所有材料是否可以二次、三次再回收利用，充分发挥其能源本身的作用和价值，这也要满足集约节约的要求。满足子孙后代有充分的能源储备和良好生存环境的需求。以人、建筑和自然环境的协调发展为目标，在利用天然条件和人工手段创造良好、健康的居住环境的同时，尽可能地控制和减少对自然环境的使用和破坏，充分体现向大自然的索取和回报之间的平衡。

3.2.4.2 绿色建筑设计的现状和困难

目前，我国建筑节能设计在建筑实践中的推广和应用还远远满足不了生态建筑可持续发展的要求。由于受建筑设计理念问题和现代建筑技术水平的制约，使得建筑节能设计水平发展缓慢，通常是设计师沿用现有的生态建筑设计方案和现有的建筑设计技术资料。而没有因地制宜地对建筑工程节能设计进行深入的考究，进而验证设计方案是否符合生态建筑的一些具体要求，如经济、节能、绿色环保等。在建筑节能设计过程中，我国的设计师更注重建筑的外观和功能设计，对于建筑的功效因素考虑甚少，设计中融入节能思维较少。此外，在建筑节能设计中大量的数据参数都是通过人工输入专业软件中进而对设计方案进行定量分析，其中相关软件的操作和使用必须要有专业人员来进行输入和定量分析，而设计师对于软件操作和能量分析方面大多不够专业，使得一套建筑设计方案不能够在设计过程中对其进行能量分析，而通常是设计方案投入到建筑施工中才进行能量分析。但工程建设过程中对于建筑设计方案通常会因种种因素的影响而难以变更，相应的建筑节能设计能量分析也难以实现，绿色建筑设计方案将成为理想化的方案，难以真正意义上实施。

3.2.4.3　基于 BIM 的建筑热工和能耗模拟分析

A　建筑热工和能耗模拟分析

建筑节能必须从建筑方案规划、建筑设备系统的设计开始。不同的建筑造型、不同的建筑材料、不同的建筑设备系统可以组合成很多方案，要从众多方案中选出最节能的方案，必须对每个方案的能耗进行估计。大型建筑非常复杂，建筑与环境、系统以及机房存在动态作用，这些都需要建立模型，进行动态模拟和分析。

建筑模拟已经在建筑环境和能源领域取得了越来越广泛的应用，贯穿于建筑的整个寿命期，具体应用有如下方面：

(1) 建筑冷/热负荷的计算，用于空调设备的选型。

(2) 在设计建筑或者改造既有建筑时，对建筑进行能耗分析，以优化设计或者节能改造方案。

(3) 建筑能耗管理和控制模式的设定与制定，保证室内环境的舒适度，并挖掘节能潜力。

(4) 与各种标准规范相结合，帮助设计人员设计出符合国家标准或当地标准的建筑。

(5) 对建筑进行经济分析，使设计人员对各种设计方案从能耗与费用两方面进行比较。

由此可见，建筑能耗模拟分析与 BIM 有非常大的关联性，建筑能耗模拟需要 BIM 的信息，但又有别于 BIM 的信息。建筑能耗模拟模型与 BIM 模型的差异如下：

(1) 建筑能耗模拟需要对 BIM 模型简化。在能耗模拟中，按照空气系统进行分区，每个分区的内部温度一致，而所有的墙体和窗户等围护结构的构件都被处理为没有厚度的表面，而在建筑设计当中的墙体是有厚度的，为了解决这个问题，避免重复建模，建筑能耗模拟软件希望从 BIM 信息中获得的构件是没有厚度的一组坐标。

除了对围护结构的简化外，由于实际的建筑和空调系统往往非常复杂，完全真实的表述不仅太过复杂，而且也没有必要，必须做一些简化处理。

(2) 补充建筑构件的热工特性参数。BIM 模型中含有建筑构件的很多信息，例如尺寸、材料等，但能耗模拟软件的热工性能参数往往没有，这就需要进行补充和完善。

(3) 负荷时间表。要想得到建筑的冷/热负荷，必须知道建筑的使用情况，即对负荷的时间表进行设置，这在 BIM 模型中往往是没有的，必须在能耗模拟软件中单独进行设置。由于还要其他模拟基于 BIM 信息进行计算（比如采光和 CFD 模拟），所以可在 BIM 信息中增加负荷时间表，降低模拟软件的工作量。

B　常用的建筑能耗模拟分析软件

用于建筑能耗模拟分析软件有很多，美国能源部统计了全世界内用于建筑能效、可再生能源、建筑可持续等方面评价软件，到目前为止共有 393 款。其中比较流行的主要有：Energey-10、HAP、TRACE、DOE-2、BLAST、Energyplus、TRANSYS、ESP-r、Dest 等。

目前国内有许多软件也是以 Energyplus 为计算内核开发了一些商用的计算软件，如 Design Builder、Open Studio、Simergy 等。本书仅以 Simergy 为例，说明基于 BIM 的热工能耗计算。

C　Simergy 基于 BIM 的能耗模拟

Simergy 热工能耗计算应用流程图如图 3-10 所示。

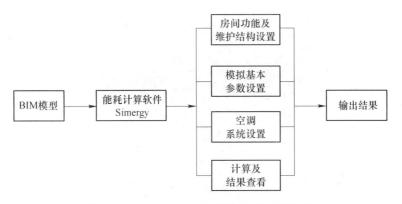

图 3-10   Simergy 热工能耗模拟计算应用流程

BIM 模拟热岛、通风，可以根据不同地区气候条件模拟出组团规划、单体内部的通风情况，如图 3-11~图 3-14 所示。

图 3-11   逐月风速图

图 3-12   逐月温度图

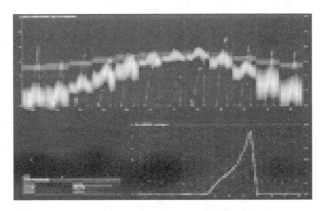

图 3-13   综合分析图

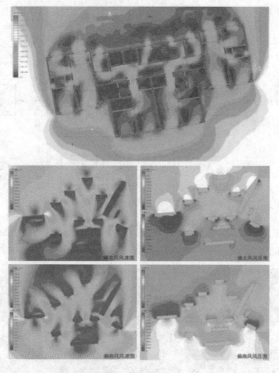

图 3-14　风速风压图

3.2.4.4　基于 BIM 的声学模拟分析

A　基于 BIM 的室内声学分析

人员密集的空间尤其是声学品质要求较高的厅堂，如音乐厅、剧场、体育馆、教室以及多功能厅等，在进行绿色建筑设计时，需要关注建筑的室内声学状况，因而有必要对这些厅堂声学模拟分析。基于 BIM 的室内声学分析流程如图 3-15 所示。

图 3-15　基于 BIM 的室内声学分析流程

室内声学设计主要包括建筑声学设计和电声设计两部分。其中建筑声学是室内声学设计的基础，而电声设计只是补充部分。因此，在进行声学设计时，应着重进行建筑声学设计。常用的建筑声学设计软件有 Odeon、Raynoise 和 EASE。其中，Odeon 只用于室内音质分析，而 Raynoise 兼做室内噪声模拟分析，EASE 可做电声设计。

三种室内声学分析软件是基于 CAD 输出平台，包括 Rhino、SkertchUp 等建模软件都可以通过 CAD 输出 DXF、DWG 文件导入软件，或者是通过软件自带建模功能建模，但软件自带建模功能过于复杂，一般不予考虑。

从软件的操作便捷性来看，Odeon 软件操作更为简便；Raynoise 软件虽然对模型要求较为简单，不必是闭合模型，但导入模型后难以合并，不便操作；EASE 软件操作较为繁琐，且对模型要求较高，较为不便。

从软件的使用功能来看，Odeon 软件对室内声学分析更具有权威性，而且覆盖功能更加全面，包括厅堂音乐声、语音声的客观评价指标以及对舞台声环境各项指标，涵盖室内音质分析，并可作为室内噪声模拟；EAS 软件操作较为繁琐，且对模型要求较高，较为不便。EASE 在室内音质模拟方面不具权威性，虽然开发的 Aura 插件包括一些基础的客观声环境指标，但覆盖范围有限，其优势在于进行电声系统模拟。

在实现 BIM 应用与室内声学模拟分析软件的对接过程中，应注意以下几点：

（1）在使用 Revit 软件建立信息化模型时，可忽略对室内表面材料参数的定义，导出模型只存储几何模型。

（2）Revit 建立的模型应以 DXF 形式导出，并在 Autocad 中读取。

（3）Revit 导出的三维模型中的门窗等构件都是以组件的形式在 CAD 中显示，可先删去，再用 3D face 命令重新定义门窗面。

（4）Revit 导出的三维模型中的墙体、屋顶以及楼板等有一定厚度，导入 Odeon 等声学分析软件后进行材料参数设置时，只对表面定义吸声扩散系数。

B　基于 BIM 的室外声学分析

在进行绿色建筑设计时，尤其关注室外环境中的噪声，进行环境噪声分析一般使用 Cadna/A 软件。Cadna/A 软件可以进行以下模拟：工业噪声计算与评估、道路和铁路噪声分析流程，如图 3-16 所示。

图 3-16　基于 BIM 的室外声学分析流程

在进行道路交通噪声的预测分析时，输入信息包含各等级公路及高速公路等，用户可输入车速、车流量等值获得道路源强，也可直接输入类比的源强。普通铁路、高速铁路等铁路噪声，可输入列车类型、等级、车流量、车速等参数。经过预测计算后可输出结果表、计算的受声点的噪声级、声级的关系曲线图、水平噪声图、建筑物噪声图。输出文件为噪声等值线图和彩色噪声分布图。

在实现 BIM 应用与室内环境噪声模拟分析软件对接过程中，应注意以下几点：

（1）使用 Revit 软件建模时，需将整个总平面信息以及相邻的建筑信息体现出来。

（2）导出模型时应选择导出 DXF 格式，并在 CAD 中读取。

（3）在 CAD 中简化模型时，应保存用地红线、道路、绿化与景观的位置，同时用 PL 线勾勒三维模型平面（包括相邻建筑），并记录各单栋建筑的高度，最后保存成新的 DXF 文件导入模拟软件中。

（4）模拟时先根据导入的建筑模型的平面线和记录的高度在模拟软件中建模，赋予建筑定义。

3.2.4.5　基于 BIM 的光学模拟分析

A　建筑采光模拟软件选择

按照模拟对象状态不同，建筑采光模拟软件大致可分为静态和动态两大类。

静态采光模拟软件可以模拟某一时间点建筑采光的静态图像和光学数据。静态采光分析软件主要有 Radiance、Ecotect 等。

动态采光模拟软件可以依据项目所属区域的全年气象数据逐时计算工作面的天然光照

度，以此为基础，可以得出全年人工照明产生的能耗，为照明节能控制策略的制定提供数据支持。动态采光模拟软件主要有 Adeline、Lightswitch Wizard、Sport 和 Daysim，前三款软件存在计算精度不足的缺陷，相比较 Daysim 的计算精度较高。

　　B　BIM 模型与 Ecotect Analysis 软件的对接

　　BIM 模型与 Ecotect Analysis 软件之间的信息交换是不完全双向的，即 BIM 模型信息可以进入 Ecotect Analysis 软件中模拟分析，反之则只能誊抄数据或通过 DXF 格式文件到 BIM 模型文件里作为参考。从 BIM 到 Ecotect Analysis 的数据交换，主要通过 gbXML 或 DXF 两种文件格式进行。

　　a　通过 gbXML 格式的信息交通

　　gbXML 格式的文件主要可以用来分析建筑的热环境、光环境、声环境、资源消耗量与环境影响、太阳辐射分析，也可以进行阴影遮挡、可视度等方面分析。gbXML 格式的文件是以空间为基础的模型。房间的维护结构，包含"屋顶"、"内墙和外墙"、"楼板和板"、"窗"、"门"以及"窗口"，都是以面的形式简化表达的，并没有厚度。BIM 模型通过 gbXML 格式与 Ecotect Analysis 间的数据交换时，必须对 BIM 模型进行一定的处理，主要是在 BIM 模型中创建"房间"构件。

　　b　通过 DXF 格式的信息交换

　　DXF 格式的文件适用于光环境分析、阴影遮挡分析、可视度分析。DXF 文件是详细的 3D 模型，因为其建筑构件有厚度，同 gbXML 文件相比，分析的结果显示效果更好一些，但对于较为复杂的模型来说，DXF 文件从 BIM 模型文件导出或导入 Ecotect Analysis 的速度都会很慢，建议先对 BIM 模型进行简化。

3.3　施工方 BIM 技术的应用

3.3.1　深化设计

3.3.1.1　深化设计的内容

　　深化设计是指在业主或设计顾问提供的条件图或原理图的基础上，结合施工现场实际情况，对图纸进行细化、补充和完善。深化设计是为了将设计师的设计理念、设计意图在施工过程中得到充分体现；是为了在满足甲方需求的前提下，使施工图更加符合现场实际情况，是施工单位的施工理念在设计阶段的延伸；是为了更好地为甲方服务，满足现场不断变化的需求；是为了在满足功能的前提下降低成本，为企业创造更多利润。

　　深化设计管理是总承包管理的核心职责之一，也是难点之一，例如机电安装专业的管线综合排布也只是施工企业深化设计部门的一个难题。传统的二维 CAD 工具，仍然停留在平面重复翻图的层面，深化设计人员的工作负担大、精度低、且效率低下。利用 BIM 技术可以大幅度提升深化设计的准确性，并且可以三维直观反映深化设计的美观程度，实现 3D 漫游和可视化设计。

　　基于 BIM 的深化设计可以笼统地分为以下两类：

　　（1）专业性深化设计。专业性深化设计的内容一般包括土建结构、钢结构、幕墙、电梯、机电各专业（暖通专业、给排水、消防、强电、弱电等）、冰蓄冷系统、机械停车库、精装修、景观绿化深化设计。这种类型的深化设计应该在建设单位提供的专业 BIM 模型上进行。

（2）综合性深化设计。对各专业深化设计初步成果进行集成、协调、修订与校核，并形成综合平面图、综合管线图。这种类型的深化设计着重与各专业图纸协调一致，应该在建设单位提供的总体 BIM 模型上进行。

尽管不同类型的深化设计所需的 BIM 模型有所不同，但是从实际应用来讲，建设单位结合深化设计的类型，采用 BIM 技术进行深化设计实现以下功能：

（1）能够反映深化设计特殊需求，包括进行深化设计复核、末端定位与预留，加强设计对施工的控制和指导；

（2）能够对施工工艺、进度、现场、施工重点、难点进行模拟；

（3）能够实现对施工过程的控制；

（4）能够由 BIM 模型自动计算工程量；

（5）实现深化设计各个层次的全程可视化交流；

（6）形成竣工模型，集成建筑设施、设备信息，为后期运营提供服务。

3.3.1.2 基于 BIM 的深化设计组织协调

设计、顾问及承包单位等诸多项目参与方，应结合 BIM 技术对深化设计的组织与协调进行研究。深化设计的分工按"谁施工、谁深化"的原则进行。总承包单位就本项目全部深化设计工作对建设单位负责；总承包单位、机电主承包单位和各分包单位各自负责其所承包（直营施工）范围内的所有专业深化设计工作，并承担其全部技术责任，其专业技术责任不因审批与否而免除；总承包单位负责根据建筑、结构、装修等专业深化设计编制建筑综合平面图、模板图等综合性图纸；机电主承包单位根据机电类专业深化设计编制综合管线图和综合预留预埋图等机电类综合性图纸；合同有特殊约定的按合同执行。

总承包单位负责对深化设计的组织、计划、技术、组织界面等进行总体管理和统筹协调，其中应当加强对分包单位 BIM 访问权限的控制和管理，对下属施工单位和分包商的项目实行集中管理，确保深化设计在整个项目层次上的协调与一致。各专业承包单位均有义务无偿为其他相关单位提交最新版的 BIM 模型，特别是涉及不同专业的连接界面的深化设计，其公共或交叉重叠部分的深化设计分工应服从总承包单位的协调安排，并且以总承包单位提供的 BIM 模型进行深化设计。

机电主承包单位负责对机电类专业的深化设计进行技术统筹，应当注重采用 BIM 技术分析机电工程与其他专业工程是否存在碰撞和冲突。各机电专业分包单位应服从机电主承包单位的技术统筹管理。

3.3.1.3 基于 BIM 的深化设计流程

基于 BIM 的深化设计流程不能够完全脱离现有的管理流程，但是必须符合 BIM 技术的特征，特别是对于流程中的每一个环节涉及 BIM 的数据都要尽可能地详细规定。深化设计管理流程如图 3-17 所示，深化设计工作流程如图 3-18 所示。

管线综合深化设计及钢结构深化设计是工程施工中的重点及难点，下面将重点介绍管线综合深化设计及钢结构深化设计流程。

A 管线深化设计流程

管线综合专业 BIM 设计空间关系复杂，机电的管线综合布置系统多、智能化程度高、

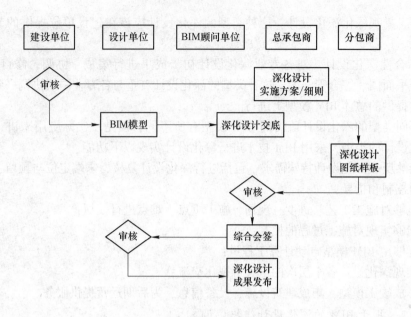

图 3-17　深化设计管理流程图

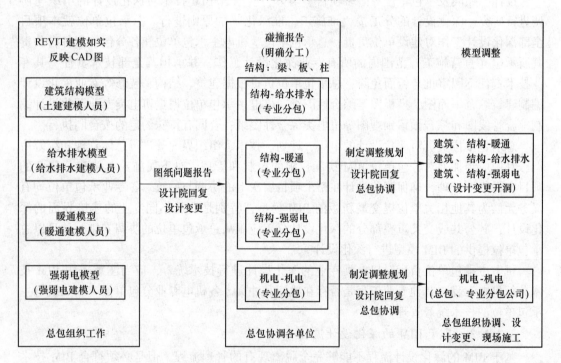

图 3-18　BIM 深化设计工作流程示意图

各工种专业性强、功能齐全。为使各系统的使用功能效果达到最佳、整体排布更美观，工程管线综合设计是重要一环。基于 BIM 的深化设计能够通过各专业工程师与设计公司的分工合作优化设计存在问题，迅速对接、核对、相互补位、提醒、反馈信息和整合到位。其深化设计流程为：制作专业精准模型—综合链接模型—碰撞检测—分析和修改碰撞点—数据集成—最终完成内装的 BIM 模型。利用该 BIM 模型虚拟结合现完成的真实空间，动态观察，综合业态要求，推敲空间结构和装饰效果，并依据管线综合施工工艺、质量验收标准编写的《管线综合避让原则》调整模型，将设备管道空间问题解决在施工前期，避免在施工阶段发生冲突而造成不必要的浪费，有效地提高施工质量，加快施工进度，节约成本。项目综合管线设计流程如图 3-19 所示。

图 3-19　综合管线深化设计流程

B　钢结构深化设计流程

将三维钢筋节点布置软件与施工现场应用要求相结合，形成一种基于 BIM 技术的梁柱节点深化设计方法，具体流程如图 3-20 所示。

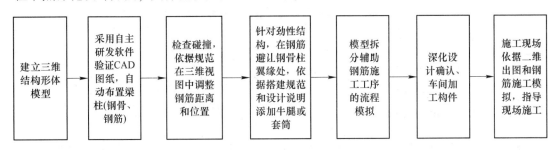

图 3-20　钢筋深化设计流程

3.3.2　物资供应管理

3.3.2.1　物资供应管理及其缺点

传统物资供应管理模式是企业或者项目部根据施工现场实际情况制定相应的材料管理制度和流程，这个流程主要依靠施工现场的材料员、保管员及施工员来完成。施工现场的多样性、固定性和庞大性，决定了施工现场材料管理具有周期长、种类繁多、保管方式复杂等特殊性。传统材料管理存在核算不准确、材料申报审核不严格、变更签证手续办理不及时等问题，造成大量材料现场积压、占用大量资金、停工待料、工程成本上涨。

3.3.2.2　BIM 下的物资供应管理的具体应用

基于 BIM 的物料管理通过建立安装材料 BIM 模型数据库，使项目部各岗位人员及企业不同部门都可以进行数据的查询和分析，为项目部材料管理和决策提供数据支撑，具体表现如下所述。

A　安装 BIM 模型数据库

项目部拿到机电安装各专业施工蓝图后，由 BIM 项目经理组织各专业机电 BIM 工程师进行三维建模，并将各专业模型组合到一起，形成安装材料 BIM 模型数据库。该数据库是以创建的 BIM 机电模型和全过程造价数据为基础，把原来分散在安装各专业手中的工程信息模型汇总到一起，形成一个汇总的项目级基础数据库，安装材料 BIM 数据库建立与应用流程如图 3-21 所示。

图 3-21　安装材料 BIM 数据库运用构成图

B　安装材料分类控制

材料的合理分类是材料管理的一项重要基础工作，安装材料 BIM 模型数据库的最大优势是包含材料的全部属性信息。在进行数据建模时，各专业建模人员对施工所使用的各种材料属性，按其需用量的大小、占用资金多少及重要程度进行"星级"分类，星级越高代表该材料需用量越大，占用资金越多。根据安装工程材料的特点，安装材料属性分类及管理原则如表 3-4 所示，某工程根据该原则对 BIM 模型进行安装材料的分类如表 3-5 所示。

表 3-4　安装材料属性分类及管理原则

等级	安 装 材 料	管 理 原 则
★★★	需用量大、占用资金多、专用或备料难度大	严格按照设计施工图及 BIM 机电模型，逐项进行认真仔细的审核，做到规格、型号、数量完全准确
★★	管道、阀门等通用主材	根据 BIM 模型提供的数据，精确控制材料及使用数量
★	资金占用少、需用量小、比较次要的辅助材料	采用一般常规的计算公式及预算定额含量确定

表 3-5　某工程 BIM 模型安装材料分类

构 建 信 息	计 算 式	单位	工程量	等级
送风管 400×200	风管材质。普通钢管规格：400×200	m²	31.14	★★
送风管 500×250	风管材质。普通钢管规格：500×250	m²	12.68	★★
送风管 1000×250	风管材质。普通钢管规格：1000×250	m²	8.95	★★
单层百叶风口 800×320	风口材质：铝合金	个	4	★★
单层百叶风口 630×400	风口材质：铝合金	个	1	★★
对开多叶调节阀	构件尺寸：800×400×210	个	3	★★
防火调节阀	构件尺寸：200×160×150	个	2	★★
风管法兰 25×3	角钢规格	m	78.26	★★★
排风机 PF-4	规格：DEF-I-100AI	台	1	★

a　用料交底

BIM 与传统 CAD 相比，具有可视化的显著特点。设备、电气、管道、通风空调等安装专业三维建模并碰撞后，BIM 项目经理组织各专业 BIM 项目工程师进行综合优化，提前消除施工过程中各专业可能遇到的碰撞。项目核算员、材料员、施工员等管理人员应熟读施工图纸、透彻理解 BIM 三维模型，吃透设计思想，并按施工规范要求向施工班组进行技术交底，将 BIM 模型中用料意图灌输给班组，用 BIM 三维图、CAD 图纸或者表格下料单等书面形式做好用料交底，防止班组"长料短用、整料零用"，做到物尽其用，减少浪费及边角料，把材料消耗降到最低限度。

b 物资材料管理

施工现场的浪费、积压等现象司空见惯，安装材料的精细化管理一直是项目管理的难题。运用 BIM 模型，结合施工程序及工程形象进度周密安排材料采购计划，不仅能保证工期与施工的连续性，而且能用好用活流动资金、降低库存、减少材料二次搬运。同时，材料员根据工程实际进度，方便地提取施工各阶段材料用量，在下达施工任务中，附上完成该项施工任务的限额领料单，作为发料部门的控制依据，实行对各班组限额发料，防止错发、多发、漏发等无计划用料，从源头上做到材料的有的放矢，减少施工班组对材料的浪费。

c 材料变更清单

工程设计变更和增加签证在项目施工中经常发生。项目经理在接收工程变更通知书执行前，应有变更造成材料积压的处理意见，原则上要由业主收购，否则，如果处理不当就会造成材料积压，无端地增加材料成本。BIM 模型在动态维护过程中，可以及时地将变更图纸进行三维建模，将变更发生的材料、人工等费用准确、及时地计算出来，便于办理变更签证手续，保证工程变更签证的有效性。

3.3.3 虚拟施工过程

3.3.3.1 虚拟施工定义

通过 BIM 技术结合施工方案、施工模拟和现场视频监测进行基于 BIM 技术的虚拟施工，其施工本身不消耗施工资源，却可以根据可视化效果看到并了解施工的过程和结果，可以较大程度地降低返工成本和管理成本，降低风险，增强管理者对施工过程的控制能力。建模过程就是虚拟施工的过程，是先试后建的过程。施工过程的顺利实施是在有效的施工方案指导下进行的，施工方案的制定主要是根据项目经理、项目总工程师及项目部的经验。施工方案的可行性一直受业界的关注，由于建筑产品的单一性和不可重复性，施工方案具有不可重复性。一般情况，当某个工程即将结束时，一套完整的施工方案才展现面前。虚拟施工技术不仅可以检测和比较施工方案，还可以优化施工方案。

3.3.3.2 BIM 在虚拟施工中的优点

基于 BIM 的虚拟施工管理能够达到以下目标：创建、分析和优化施工进度；针对具体项目分析将要使用的施工方法的可行性；通过模拟可视化的施工过程，提早发现施工问题，消除施工隐患；形象化的交流工具，使项目参与者能更好地理解项目范围，提供形象的工作操作说明或技术交底；可以更加有效地管理设计变更。不仅如此，虚拟施工过程中建立好的 BIM 模型可以作为二次渲染开发的模型基础，大大提高了三维渲染效果的精度和效率，可以给业主更为直观的宣传介绍，也可以进一步为房地产公司开发虚拟样板间等延伸应用。

虚拟施工给项目管理带来的好处可以总结为以下两点。

A 施工方法可视化

虚拟施工使施工变的可视化，随时随地直观快速将施工计划与实际进展对比，同时进行有效的协同，施工方、监理方、甚至非工程行业出身的业主领导都对工程项目的各种问题和情况了如指掌。施工过程的可视化，使 BIM 成为一个便于施工方参与各方交流的沟通平台。通过这种可视化的模拟缩短了现场工作人员熟悉项目施工内容、方法的时间，减少了现场人员在工程施工初期因为错误施工而导致的时间和成本的浪费，还可以加快、加深对工程参与人员培训速度及深度，真正做到质量、安全、进度、成本管理和控制的人人参与。

5D 全真模型平台虚拟原型工程施工，对施工过程进行可视化的模拟，包括工程设计、现场环境和资源使用情况，具有更大的可预见性，将改变传统的施工计划、组织模式。施工方法的可视化是使所有项目参与者在施工前就能清楚地知道所有施工内容以及自己的工作职责，能促进施工过程中有效交流。它是目前用于评估施工方法、发现施工问题、评估施工风险的最简单、经济、安全的方法。

B　施工方法可验证

BIM 技术能全真模拟运行整个施工过程，项目管理人员、工程技术人员和施工人员可以了解每一步施工活动。如果发现问题，工程技术人员和施工人员可以提出新的施工方法，并对新的施工方法进行模拟来验证，即判断施工过程，它能在工程施工前识别绝大多数的施工风险和问题，并有效地解决。

施工组织是对施工活动实行科学管理的重要手段，它决定了各阶段的施工准备工作内容，协调施工过程中各施工单位、各施工工种以及各项资源之间的相互关系。BIM 可以对施工的重点或难点部分进行可见性模拟，按网络时标进行施工方案的分析和优化。对一些重要的施工环节或采用施工工艺的关键部位、施工现场平面布置等施工的分析和优化，并对其施工指导措施进行模拟和分析，以提高计划的可执行性。利用 BIM 技术结合施工组织设计进行电脑预演，以提高复杂建筑体系的可施工性。借助 BIM 对施工组织的模拟，项目管理者能非常直观地理解间隔施工过程的时间节点和关键工序情况，并清晰地把握在施工过程中的难点和要点，也可以进一步对施工方案进行优化完善，以提高施工效率和施工方案的安全性。可视化模型输出的施工图片，可作为可视化的工作操作说明或技术交底分发给施工人员，用于指导现场的施工，方便现场的施工管理人员对照图纸进行施工指导和现场管理。

C　BIM 在虚拟施工的应用

采用 BIM 进行虚拟施工，需先确定以下信息：设计和现场施工环境的五维模型；根据构件选择施工机械及机械的运行方式；确定施工的方式和顺序；确定所需临时设施及安装位置。BIM 在虚拟施工管理中的应用主要有场地布置方案、专项施工方案、关键工艺展示、施工模拟（土建主体及钢结构）、装修效果模拟等。

a　场地布置方案

为使现场使用合理，施工平面布置应有条理，尽量减少占用施工用地，使平面布置紧凑合理，同时做到场容整洁，道路畅通，符合防火安全及文明施工的要求，施工过程中应避免多个工种在同一场地、同一区域相互牵制、相互干扰。施工现场应设专人负责管理，使各项材料、机具等按已审定的施工现场平面布置图的位置摆放。

基于建立 BIM 三维模型及搭建的各种临时设施，可以对施工场地进行布置，合理安排塔吊、库房、加工厂地和生活区等的位置，解决现场施工场地的划分问题；通过与业主的可视化沟通协调，对施工场地进行优化，选择最优施工路线。

　　b　关键工艺

对于工程施工的关键部位，如预应力钢结构的关键构件及部位，其安装相对复杂，因此合理的安装方案非常重要。正确的安装方法能够省时省费，传统的方法只有工程实施时才能得到验证，这就可能造成二次返工等问题。同时，传统方法是施工人员在完全领会设计意图之后，再传达给建筑工人，相对专业性的术语及步骤对于工人来说难以完全领会。基于 BIM 技术，能够提前对重要部位的安装进行动态展示，提供施工方案讨论交流的虚拟现场信息。

　　c　土建主体结构的施工模拟

根据拟定的最优施工现场布置和最优方案，将由项目管理如 project 编制的施工进度计划与施工现场 3D 模型集成一体，引入时间维度，能够完成对工程主体结构施工过程 4D 施工模拟。通过 4D 施工模拟，可以使设备材料进场、劳动力配置、机械排班等各项工作安排的更加经济合理，从而加强了对施工方案模拟，展示重要施工环节动画，对比分析不同施工方案的可行性，能够对施工方案进行分析，并听从甲方指令对施工方案进行动态调整。

　　d　钢结构部分施工模拟

针对钢结构部分，因其关键构件及部位安装相对复杂，采用 BIM 技术对其安装进行模拟能够有效帮助指导施工。钢结构部分施工模拟过程与土建主体结构施工模拟过程一致，不再重复。

　　e　装修效果模拟

针对工程技术重点难点、样板间、精装修等，完成对窗帘盒、吊顶、木门、地面砖等基础模型的搭建，并基于 BIM 模型，对施工工序的搭接，新型、复杂施工工艺进行模拟，对灯光环境等进行分析，综合考虑相关影响因素，利用三维效果预测的方式有效解决各方协同管理的难题。

3.3.4　进度管理

3.3.4.1　进度管理的定义

工程建设项目的进度管理是指对工程项目各建设阶段的工作内容、工程程序、持续时间和逻辑关系制定计划，将该计划付诸实施。在实施过程中要经常检查实际进度是否按照计划要求进行，对出现偏差原因，采取补救措施或调整、修改原计划，直至工程竣工后交付使用。进度管理的最终目的是确保进度目标的实现。

3.3.4.2　进度管理的重要性

施工进度管理在项目的整体控制中起着至关重要的作用，主要体现在：

进度决定着总财务成本。什么时间销售，多长时间可开盘销售，对整个项目的财务总成本影响最大。一个投资 100 亿元的项目，一天的财务成本大约是 300 万元，延迟一天交付、延迟一天销售，开发商将面临巨额的损耗。更快的资金周转和资金效率是当前各地产公司最为在意的地方。多少人管理运营一个项目，多长时间完成一个项目，资金周转速度，是开发商的重要竞争力之一，也是承包商的关键竞争力，提升项目管理效率不仅是成本问题，更是企业重要竞争力之一。

常规的施工组织，只是从平面角度对施工现场进行策划，对高度关系的表达并不直接。BIM 可以从三维角度进行考虑，充分利用场地属相空间，并且由计算机辅助确定最短路径的施工流线，提高施工效率。

3.3.4.3 传统进度管理的缺陷

传统的项目管理过程中事故频发，究其根本在于管理模式存在一定的缺陷，主要体现在以下方面：

（1）二维 CAD 设计图形象性差。随着人们对建筑外观美观度的要求越来越高，以及建筑设计行业自身的发展，异形曲面的应用更加频繁，如悉尼歌剧院、国家大剧院、鸟巢等外形奇特、结构复杂的建筑物越来越多。即使设计师能够完成图纸，对图纸的认识和理解也仍有难度。另外，二维 CAD 设计可视性不强，增加了设计师和建造师之间的沟通障碍。

（2）网络计划抽象，往往难以理解和执行。网络计划图是工程项目进度管理的主要工具，但也有缺陷和局限性。首先，网络计划图计算复杂，理解困难，只适合行业内部使用，不利于于外界沟通和交流；其次，网络计划图表达抽象，不能直观地展示项目的计划进度过程，也不方便进行项目实际进度的跟踪；再次，网络计划图要求项目工作分解细致，逻辑关系准确，这些都依赖个人的主观经验，实际操作中往往会出现各种问题，很难做到完全一致。

（3）二维图纸不方便各专业之间的协调沟通。二维图纸由于受到可视化程度的限制，使得各专业的工作相对分离。无论是在设计阶段还是在施工阶段，都很难对工程项目进行整体性表达。各专业单独工作或许十分顺利，但是在各专业协同作业时往往就会产生碰撞和矛盾，给整个项目的顺利完成带来困难。

（4）传统方法不利于规范化和精细化管理。随着项目管理技术的不断发展，规范化和精细化管理是形势所趋。但是传统的进度管理方法很大程度上依赖于项目管理者的经验，很难形成一种标准化和规范化的管理模式。这种经验化的管理方法受主管因素的影响很大，直接影响施工的规范化和精细化管理。

3.3.4.4 BIM 技术进度管理优势

BIM 技术的引入，可以突破二维的限制，给项目进度管理带来不同的体验，主要体现在以下几个方面：

（1）提升全过程协同效率。基于 3D 的 BIM 沟通语言，简单易懂、可视化好，大大加快了沟通效率，减少了理解不一致的情况；基于互联网的 BIM 技术建立起强大的、高效的协同平台，所有参建单位在授权的情况下，可随时、随地获得项目最新、最准确、最完整的工程数据，从过去点对点的传递消息转变一对多传递消息，效率提升；通过 BIM 软件系统的计算，减少沟通协调的问题；另外，现场结合 BIM、移动智能终端拍照，也大大提升了现场沟通效率。

（2）加快设计进度。从表面看，BIM 的设计减慢了设计进度。产生这样结论的原因，一是现阶段设计用的 BIM 软件确实生产率不够高，二是当前设计院交付质量较低。但实际情况表明，使用 BIM 设计虽然增加了时间，但交付成果质量确有显著提升，在施工以前解决了更多问题，推送给施工阶段的问题大大减少了，这对总体进度而言是极为有利的。

（3）碰撞检测，减少变更和返工进度损失。BIM 技术强大的碰撞检查工程，十分有利于减少进度浪费。大量的专业冲突拖延了工程进度，大量废弃工程、返工的同时，也造成了巨大的材料、人工浪费。设计院为了效益，尽量降低设计工作的深度，交付成果很多是方案阶段成果，而不是最终施工图，里面充满了很多深入下去才能发现的问题，需要施工单位去深化设计。由于施工单位技术水平有限和理解问题，特别是当前三边工程较多的情况下，专业冲突十分普遍，返工现象常见。在我国当前的产业机制下，利用 BIM 系统实时跟进设计，第一时间发现问题，解决问题，带来的进度效益和其他效益都是十分惊人的。

（4）加快招投标组织工作。设计基本完成，要组织一次高质量的招投标工作，编制高质量的工程量清单要耗时数月。一个质量低下的工程量清单将导致业主方巨额的损失。利用不平衡报价很容易造成更高的结算价。利用基于 BIM 技术的算量软件系统，大大加快了计算速度和计算准确性，加快招标阶段的准备工作，同时提升了招标工程量清单的质量。

（5）加快支付审核。当前很多工程，由于工程付款争议挫伤承包商积极性，影响到工程进度并非少见。业主方缓慢的支付审核往往会引起承包商合作关系的恶化。业主方利用 BIM 技术的数据处理能力，加快校核反馈承包商的付款申请单，则可以大大加快中期付款反馈机制，提升双方战略合作成果。

（6）加快生产计划、采购计划编制。工程中常因生产计划、采购计划编制缓慢损失了进度。急需的材料、设备不能安置进场，造成了窝工影响工期。BIM 改变了这一切，随时随地获取准确数据变得非常容易，制定生产计划、采购计划大大缩小了用时，加快进度，同时提高了计划的准确性。

（7）加快竣工交付资料准备。基于 BIM 的工程实施方法，过程中所有资料可随时挂接到 BIM 数字模型中，竣工资料在竣工时即已形成。竣工 BIM 模型的运维阶段还将为业主发挥巨大的作用。

（8）提升项目决策效率。传统的工程实施中，由于大量决策依据、数据不能及时完整的提交出来，决策被迫延迟，或决策失误造成工期损失的现象非常多见。实际情况中，只要工程信息数据充分，决策并不困难，难的往往是决策依据不足、数据不充分，有时导致领导难以决策，有时导致多方谈判长时间僵持，延误工程进展。BIM 形成工程项目的多维度结构化数据库，整理分析数据几乎可以实现，完全没有了这方面的难题。

3.3.4.5 BIM 技术在进度管理中的具体应用

BIM 在工程项目进度管理中的应用体现在项目进行过程中的方方面面，下面仅对其关键应用点进行具体介绍。

A BIM 施工进度模拟

当前建筑工程项目管理中经常用于表示进度计划的甘特图，由于专业性强，可视化程度低，无法清晰描述施工进度以及各种复杂关系，难以准确表达工程施工的动态变化过程。通过将 BIM 与施工进度相链接，将空间信息与时间信息整合在一起可视的 4D（3D+Time）模型中，不仅可以直观、精确地反映整个建筑的施工过程，还能够实时追踪当前的进度状态，分析影响进度的因素，协调各专业，制定应对措施，以缩短工期、降低成本、提高质量。

目前常用的 4D-BIM 施工管理系统或施工进度模拟软件很多，利用此类管理系统或图

案进行施工进度模拟大致分为以下步骤：（1）将 BIM 模拟进行材质赋予；（2）制定
Project 计划；（3）将 Project 文件与 BIM 模型链接；（4）制定构件运动路径，并与时间链
接；（5）设置动画视点并输出施工模拟动画。

　　通过 4D 施工进度模拟，如图 3-22 所示，能够完成以下内容：基于 BIM 施工组织，
对工程重点和难点的部位进行分析，制定切实可行的对策；依据模型，确定方案、排定计
划、划分流水段；BIM 施工进度利用季度卡来编制计划；将周和月结合在一起，假设后期
需要任何时间段计划，只需在这个计划过滤一下即可自动生成；做到对现场的施工进度进
行每日管理，施工组织设计如图 3-23 所示。

图 3-22　施工流程模拟

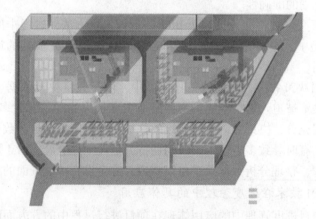

图 3-23　施工组织设计

　　BIM 生成的立体构件拼装示意图和三维拼装流程视屏，如图 3-24、图 3-25 所示，可
以直观地表达各构件的安装流程和搭接关系，高效指导现场施工。相比传统的平面图纸，
更加直观易懂、可以有效地提高信息传达的速度和准确性。

　　B　BIM 施工安全与冲突分析系统

　　时变结构和支撑体系的安全分析通过数据转换机制，自动由 4D 施工信息模型生成结
构分析模型，进行施工期时变结构与支撑体系任意时间点的力学分析计算和安全性能
评估。

　　施工过程进度、资源、成本的冲突分析通过动态展现各施工段的实际进度和计划的对

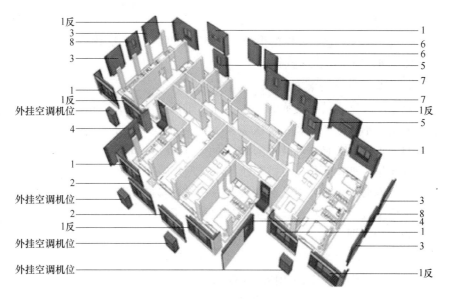

图 3-24 立体构件拼装示意图

图 3-25 BIM 模拟模板安装

比关系，实现进度偏差和冲突分析及预警；指定任意日期，自动计算所需人力、材料、机械、成本，进行资源对比分析和预警；根据清单计价和实际进度计算实际费用，动态分析任何时间点的成本及其影响关系。

场地碰撞检测基于施工现场 4D 时间模拟和碰撞检测算法，可对构件与管线、设施与结构进行动态碰撞检测和分析。

C　BIM 建筑施工优化系统

建立进度管理软件 P3/P6 数据模型与离散事件优化模型的数据交换，基于施工优化信息模型，实现基于 BIM 和离散事件模拟的施工进度、资源以及场地优化和过程的模拟。

基于 BIM 和离散事件模拟的施工优化通过对各项工序的模拟计算，得出工序工期、人力、机械、场地等资源的占用情况，对施工工期、资源配置以及场地布置进行优化，实现多个施工方案的比选。

基于过程优化的 4D 施工过程模拟将 4D 施工管理与施工优化进行数据集成，实现了基于过程优化的 4D 施工可视化模拟。

D　三维技术交底及安装指导

在大型复杂工程施工技术交底时，工人往往难以理解技术要求。针对技术方案无法细化、不直观、交底不清晰的问题，解决方案是：应改变传统的思路与做法（通过纸介质表达），转由借助三维技术呈现技术方案，使施工重点、难点部位可视化，提前预见问题，确保工程质量，加快工程进度。三维技术交底即通过三维模型让工人直观地了解自己的工作范围及技术要求，主要方法有两种：一种是虚拟施工和实际工程照片对比；另一种是将整个三维模型进行打印输出，用于指导现场施工，方便现场的施工管理人员用图纸进行施工指导和现场管理。

E　移动终端现场管理

采用无线移动终端、Web 及 RFID 等技术，全过程与 BIM 模型集成，实现数据库化、可视化管理，避免任何一个环节出现问题给施工和进度质量带来影响。

3.3.5　质量管理

3.3.5.1　质量管理的定义

我国国家标准 GB/T 19000—2000 对质量的定义：一组固有特征满足要求的程度。质量的主体不但包括产品，而且包括过程、活动的工作质量，还包括质量管理体系运行的效果。工程项目质量管理是指在力求实现工程项目总目标的过程中，为满足项目的质量要求所开展的有关管理监督活动。

3.3.5.2　传统质量管理的缺陷

在工程建设中，无论是勘察、设计、施工还是机电设备的安装，影响工程质量的因素主要有"人、机、料、法、环"等五大方面，即人工、机械、材料、方法、环境。所以工程项目的质量管理主要是对这五方面进行控制。

工程实践表明，大部分传统管理方法在理论上的作用很难在工程实际中得到发挥。由于受实际条件和操作工具的限制，这些方法的理论作用只能得到部分发挥，甚至得不到发挥，影响了工程项目的质量管理的工作效率，造成工程项目的质量目标最终不能完全实现。工程施工过程中，施工人员专业技能的不足，材料使用的不规范、不按设计或规范进行施工、不能准确预知完工后的质量效果，各个专业工种相互影响等问题对工程质量管理造成一定的影响。

BIM 技术的引入不仅提供一种"可视化"的管理模式，亦能够充分发掘传统技术的潜在能量，使其更充分、更有效地为工程项目质量管理工作服务。传统的二维管控质量的方法是将各专业平面图叠加，结合局部剖面图，设计、审核、校对人员凭经验发现错误，难以全面。而三维参数化的质量控制，是利用三维模型，通过计算机自动实时检测管线碰撞，准确性高。二维质量控制与三维质量控制的优缺点对比如表 3-6 所示。

3.3.5.3　BIM 在质量管理中的具体应用

基于 BIM 的工程项目质量管理包括产品质量管理及技术质量管理。

表 3-6 传统二维质量控制与三维质量控制的优缺点对比

传统二维质量控制缺陷	三维质量控制的优点
手工整合图纸，凭经验判断，难以全面分析	电脑自动在各专业间进行全面检验，精确度高
均为局部调整，存在顾此失彼情况	在任意位置剖切大样及轴测图大样，观察并调整该处管线标高关系
标高多为原则性确定的相对位置，大量管线没有精确确定标高	轻松发现影响净高的瓶颈位置
通过"平面+局部剖面"的方式，对于多管交叉的复制部位表达不够充分	在综合模型中直观地表达碰撞检测结果

产品质量管理：BIM 模型储存了大量的建筑构件和设备信息。通过软件平台，可快速查找所需的材料及构配件信息，如规格、材质、尺寸要求等，并根据 BIM 设计模型，对现场施工作业进行追踪、记录、分析，掌握现场施工的不确定因素，避免不良后果出现，监控施工质量。

技术质量管理：通过 BIM 的软件平台动态模拟施工技术流程，再由施工人员按照仿真施工流程，确保施工技术信息的传递不会出现偏差，避免实际做法和计划做法出现偏差，减少不可预见情况的发生，监控施工质量。

下面仅对 BIM 在工程项目质量管理中的关键应用点进行具体介绍。

A 建模前期协同设计

在建模前期，需要建筑专业和结构专业的设计人员大致确定吊顶高度及结构梁高度；对于净高要求严格的区域，提前告知机电专业；各专业针对空间狭小、管线复杂的区域，协调处形成局部剖面图。建模前期协同设计的目的是，在建模前期就解决部分潜在的管线碰撞问题，对潜在质量问题提前预知。

B 碰撞检测

传统二维图纸设计中，在结构、水暖、电力等各专业设计图纸汇总后，由总工程师人工发现和协同问题，存在失误在所难免，使施工中出现很多冲突，造成建设投资巨大浪费，并且还会影响施工进度。另外，由各专业承包单位实际施工过程中对其他专业或者工种、工序间的不了解，甚至是漠视，产生的冲突与碰撞也比比皆是。但施工过程中，这些碰撞的解决方案，往往受限于现场已完成部分的局限，大多只能牺牲某部分利益、效率，而被动地变更。研究表明，施工过程中相关各方有时需要付出几十万元、几百万元、甚至上千万元的代价来弥补由设备管线碰撞引起的拆装、返工和浪费。

目前，BIM 技术在三维碰撞检查中的应用已经比较成熟，并且依靠其特有的直观性及精确性，于设计建模阶段就可一目了然地发现各种冲突与碰撞。在水、暖、电建模阶段，利用 BIM 随时自动检测及解决管线设计初级碰撞，其效果相当于将校核部分工作提前进行，这样可大大精确地提高成图质量。碰撞检测的实现主要依托于虚拟碰撞软件，其实质为 BIM 可视化技术，施工设计人员在建造之前就可以对项目进行碰撞检查，不但能够彻底消除硬碰撞和软碰撞，优化工程设计，减少在建筑施工阶段可能存在的错误损失和返工的可能性，而且能够优化净空和管线排布方案。最后施工人员可以利用碰撞优化后的三维方案，进行施工交底、施工模拟、提高施工质量，同时也提高了业主的沟通能力。

碰撞检测可以分为专业间碰撞检测及管线综合的碰撞检测。专业间碰撞检测主要包括土建专业之间（如检查标高、剪力墙、柱等位置是否一致，梁与门是否冲突）、土建专业与机电专业之间（如检查设备管道与梁柱是否发生冲突）、机电各专业间（如检查管线末端与室内吊顶是否冲突）的软、硬碰撞点检查；管线综合的碰撞检测主要包括管道专业系统内部检查、暖通专业系统内部检查、电气专业系统内部检查，以及管道、暖通、电气、结构专业之间的碰撞检查等。另外，解决管线空间不足问题，如机房过道狭小等问题也是常见碰撞内容之一。

在对项目进行碰撞检测时，要遵循如下检测优先级顺序：（1）土建碰撞检测；（2）设备内部各专业碰撞检测；（3）结构与给水排水、暖、电专业碰撞检测等；（4）解决各管线之间交叉问题。其中，全专业碰撞检测的方法如下：将完成各专业的精确三维模型建立后，选定一个主文件，以该文件轴网坐标为基准，将其他专业模型连接到该主模型中，最终得到一个包括土建、管线、工艺设备等全专业的综合模型。该综合模型真正地为设计提供了模拟现场碰撞检查平台，在这平台上完成仿真模拟现场碰撞检查，并根据检测报告及修改意见对设计方案合理评估并作出设计优化决策。然后再次进行碰撞检测，如此循环，直至解决所有的硬碰撞、软碰撞剩下可接受的范围。

显而易见，面对常见碰撞内容复杂、种类较多，且碰撞点很多，甚至高达上万个。如何对碰撞点进行有效标识与识别，这就需要采用轻量化模型技术，把各专业三维模型数据以直观的模式存储与展示模型中。模型碰撞信息采用"碰撞点"和"标识签"进行有序标识，通过结构树形式的"标识签"可直接定位碰撞位置，碰撞报告标签命名规则如图3-26 所示。

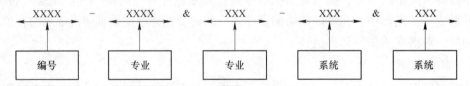

图 3-26　碰撞报告标签命名规则

碰撞检测完毕后，在计算机上以该命名规则出具碰撞检测报告，方便快速读出碰撞点的具体位置与碰撞信息。

在读取并定位碰撞点后，为了更加快速地给出针对碰撞检测中出现的"软"、"硬"碰撞点的解决方案，可以将碰撞问题分为以下五类：

（1）重大问题，需要业主协调各方面共同问题；

（2）由设计方解决的问题；

（3）由施工现场解决的问题；

（4）因未定因素（如设备）而遗留的问题；

（5）因需求变化而带来新的问题。

针对由设计方解决的问题，可以通过多次召集各专业主要骨干参加三维可视化协调会议的方法，把复杂的问题简单化，同时将责任明确到个人，从而顺利地完成管线综合设备、优化设计、得到业主的认可。针对其他问题，则可以通过三维可视化协调、漫游文件等协助业主解决。另外，管线优化设计应遵循以下五项原则：

(1) 在非管线穿梁、碰撞、穿吊顶等必要情况下，尽量不要改动；

(2) 只要调整管线安装方向即可避免的碰撞，属于软碰撞，可以不修改，以减少设计人员的工作量；

(3) 需满足建筑业主要求，对没有碰撞，但不满足净高要求的空间，也需要进行优化设计；

(4) 管线优化设计时，应预留安装、检修空间；

(5) 管线避让原则如下：有压管让无压管；小管让大管；施工简单管让施工复杂管；冷水管让热水管；附件少的管道避让附件多的管道；临时管道避让永久管道。

C 大体积混凝土测温

使用自动化检测管理软件进行大体积混凝土温度的监测，将测温数据无线传输自动汇总到分析平台上，通过对各个测温点的分析，形成动态监测管理。电子传感器按照测温点布置要求，自动直接将温度变化情况输出到计算机，形成温度变化曲线，随时可以远程动态监测基础大体积混凝土的温度变化。根据温度变化随时加强养护措施，确保大体积混凝土质量，确保在工程基础筏板混凝土浇筑后不出现由于温度变化剧烈引起的温度裂缝。

D 施工工序管理

工序质量控制就是对工序活动条件及工序活动投入的质量、工序活动效果的质量及分项工程质量的控制。在利用 BIM 技术进行工序质量控制时要着重以下四方面的工作：

(1) 利用 BIM 技术能够更好地确定工序质量控制工作计划。一方面要求对不同的工序活动指定专门保证质量的技术措施，作出物料投入及活动顺序的专门规定；另一方面要规定质量控制工作流程、质量检验制度。

(2) 利用 BIM 技术主动控制工序活动条件的质量。工序活动条件主要指影响质量的五大因素，即人、材料、机械设备、方法和环境等。

(3) 能够及时检验工序活动效果的质量。主要实行班组自检、互检、上下道工序交接检，特别是对隐蔽工程和分项（部）工程的质量检验。

(4) 利用 BIM 技术设置工序质量控制点（工序管理点），实行重点控制。工序质量控制点是针对影响质量的关键部位或薄弱环节确定的重点控制对象。正确设置控制点并严格实施是进行工序质量控制的重点。

E 高集成化方便信息查询和搜集

BIM 技术具有高集成化的特点，其建立的模型是一个庞大的数据库，在进行质量检查时可以随时调用模型，查看各个构件，例如预埋件位置查询，起到对整个工程逐一排查的作用。

3.3.6 安全管理

3.3.6.1 安全管理的定义

安全管理是管理科学的一个重要分支，它是为实现安全目标而进行的有关决策、计划、组织和控制力等方面的活动；主要运用现代安全管理原理、方法和手段，分析和研究各种不安全因素，从技术上、组织上和管理上采取有力的措施，解决和消除各种不安全因素，防止事故的发生。

安全管理是企业生产管理的重要组成部分，是一门综合性的系统科学。安全管理的对象是生产中一切人、物、环境的状态管理与控制，安全管理是一种动态管理。安全管理，主要是组织实施企业安全管理规划、指导、检查和决策，同时，又是保证生产处于最佳状态的根本环节。施工现场安全管理的内容，大体可归纳为安全组织管理、场地与设施管理、行为控制和安全技术管理四个方面，分别对生产中的人、物、环境的行为与状态，进行具体的管理与控制。

3.3.6.2　传统安全管理的难点与缺陷

建筑业是我国"五大高危行业"之一，但建筑业的"五大伤害"事故的发生率并没有明显下降，从管理和现状的角度分析，主要有以下几种原因：

（1）企业责任主体意识不明确。企业对法律法规缺乏应有的了解和认识，上到企业法人，下到专职安全生产管理人员，对自身安全责任及工程施工中所应当承担的法律责任没有明确的了解，误认为安全管理是政府的职责，造成安全管理不到位。

（2）政府监管压力过大，监管机构和人员严重不足。为避免安全生产事故的发生，政府监管部门按例进行建筑施工安全检查。由于我国安全生产事故追究"问责制"，一旦发生事故，监管部门的管理人员需要承担相应责任，而由于有些地方监管机构和人员严重不足，造成政府监管压力过大，加之检查人员的业务水平不足等因素，很容易使事故隐患没有及时发现。

（3）企业重生产、轻安全，"质量第一，安全第二"。安全管理不合格是安全事故发生的必要条件而非充分条件，造成企业存在侥幸心理，疏于安全管理；另一方面，由于质量和进度直接关系到企业效益，而生产能给企业带来效益，安全则会给企业增加支出，所以很多企业重生产而轻安全。

（4）"垫资"、"压价"等不规范的市场主体行为直接导致施工企业削减安全投入。"垫资"、"压价"等不规范的市场行为一直压制企业发展，造成企业无序竞争。很多企业为生存而生产，有些项目零利润甚至负利润。在生存与发展面前，很多企业的安全投入就成了一句空话。

（5）建筑企业资质申报要求提供安全评估资料，这就要求独立于政府和企业之外的第三方建筑业安全咨询评估中介机构要大量存在，安全咨询评估中介机构所提供的报告可以作为政府对企业安全生产现状采信的证明。而安全咨询评估安全服务中介机构的缺少，造成无法给政府提供独立可参考的第三方安全评估报告。

（6）工程监理安全，"一专多能"起不到实际作用。建筑安全是一门多学科系统，在我国属于新兴学科，同时也是专业性很强的学科。而监理人员多为从施工员、质检员过渡而来，对施工质量很专业，但对安全管理并不专业。相关的行政法规却把施工现场安全责任划归监理，并不十分合理。

3.3.6.3　BIM 技术在安全管理的具体应用

基于 BIM 的管理模式是创建信息、管理信息、共享信息的数字化方式，在工程安全管理方面具有很多优势，如基于 BIM 的项目管理，工程基础数据如量、价等，数据准确、数据透明、数据共享，能完全实现短周期、全过程对资金安全的成本控制；基于 BIM 技术，可以提供施工合同、支付凭证、施工变更等工程附件管理，并为成本预测、招投标、签证管理、支付等全过程造价进行管理；BIM 数据模型保证了各项目的数据动态调整，可以方便统计，追溯各个项目的现金流量和资金状况；基于 BIM 的 4D 虚拟建造技术能提前发现在施工阶段可能出现的问题，并逐一修改，提前制定应对措施；采用 BIM 技术，可实现虚拟现实和资产、空间等管理、建筑系统分析等技术内容，从而便于运营维护阶段的管理应用；运用 BIM 技术，可以对火灾等安全隐患进行及时处理，从而减少不必要的损失，对突发事件进行快速和处理，快速掌握建筑物的运营情况。

A 施工准备阶段安全控制

在施工准备阶段，利用 BIM 进行与实践相关的安全分析，能够降低施工安全事故发生的可能性，如 4D 模拟与管理和安全表现参数的计算，可以在施工准备阶段排除很多建筑安全风险；BIM 虚拟环境划分施工空间，排除安全隐患；基于 BIM 及相关信息技术的安全规划，可以在施工前的虚拟环境中发现潜在的安全隐患并予以排除；采用 BIM 模型结合有限元分析平台，进行力学计算，保障施工安全；通过模型发现施工过程重大危险源并实现水平洞口危险源自动识别等。

B 施工过程的仿真模拟

仿真分析技术能够模拟建筑结构在施工过程中不同时段的力学性能和变形状态，为结构安全施工提供保障。通常采用大型有限元软件来实现结构的仿真分析，但对于复杂建筑物的模型建立需要耗费较多时间；在 BIM 模型的基础上，开发相应的有限元软件接口，实现三维模型的传递，再附加材料属性、边界条件和荷载条件，结合先进的时变结构分析方法，便可以将 BIM、4D 技术和时变结构分析方法结合起来，实现基于 BIM 的施工过程结构安全分析，有效捕捉施工过程。

C 模型试验

对于结构体系复杂、施工难度大的结构，结构施工方案的合理性与施工技术的安全可靠都需要验证，为此利用 BIM 技术建立试验模型，对施工方案进行动态展示，从而为实验提供模型基础信息。

D 施工动态检测

长期以来，建筑工程中的事故时常发生。如何进行施工中结构监测已成为国内外的前沿课题之一。对施工过程进行实时监测，特别是重要部位和关键工序，及时了解施工过程中结构的受力和运行状态。施工监测技术的先进与否，对施工控制起着至关重要的作用，这也是施工过程信息化的一个重要内容。为了及时了解结构的工作状态，发现结构未知的损伤，建立工程结构的三维可视化动态监测系统，就显得十分迫切。

三维可视化动态检测技术较传统的监测手段具有可视化的特点，可以人为操作在三维虚拟环境下漫游来直观、形象地发现现场的各类潜在危险，更便捷地查看监测位置的应力应变状态。

E 防坠落管理

坠落危险源包括尚未建造的楼梯井和天窗等。通过 BIM 模型中危险源存在部位建立坠落防护栏杆模型，研究人员能够清楚地识别多个坠落风险，并可以向承包商提供完整且详细的信息，包括安装或拆卸栏杆的地点和日期等。

F 塔吊的安全管理

大型工程施工现场需要布置多个塔吊同时作业，因塔吊旋转半径不足而造成的施工碰撞也屡屡发生。确定塔吊回转半径后，在整体 BIM 施工模型中布置不同型号的塔吊，能够确保其同电源线和附近建筑物的安全距离，确定哪些员工在哪些时候会使用塔吊。在整体施工模型中，用不同颜色的色块来表明塔吊的回转半径和影响区域，并进行碰撞检测来生成塔吊回转半径计划内的任何非钢结构安装活动的安全分析报告。该报告可以用于项目定期安全会议中。

G   灾害应急管理

随着建筑设计的日新月异，规范已经无法满足超高型、超大型或异形建筑空间的消防设计。利用 BIM 及相应灾害分析模型软件，可以在灾害发生前，模拟灾害发生过程，分析灾害发生的原因，并制定避免灾害发生措施，以及发生灾害后人员疏散、救援支持的应急预案，为发生意外时减少损失赢得宝贵时间。BIM 能够模拟人员疏散、救援支持和应急预案，能够模拟人员疏散时间、疏散距离、有毒气体扩散时间、建筑材料耐燃烧极限及消防作业面等，主要表现为：4D 模拟、3D 漫游和 3D 渲染能够标识各种危险源，且 BIM 中生成的 3D 动画、渲染能够用来同工人沟通应急预案计划方案。应急预案包括五个子计划：施工人员的入口/出口、建筑设备和运送路线、临时设施和拖车位置、紧急车辆路线、恶劣天气的预防措施。利用 BIM 数字化模型进行物业沙盘模拟训练，训练保安人员对建筑的熟悉程度，再模拟灾害发生时，通过 BIM 数字化模拟指导大楼人员进行快速撤离；通过对事故现场人员感官的模拟，使疏散方案更合理；通过 BIM 模型判断监控摄像头布置是否合理，与 BIM 虚拟摄像头关联，可随意打开任意视角的摄像头，摆脱传统监控系统的弊端。

另外，当灾害发生时，BIM 模型可以提供救援人员紧急状况点的完整信息，配合温感探头和监控系统发现温度异常区，获取建筑物及设备的状态信息，通过 BIM 和楼宇自动化系统的结合，使得 BIM 模型能清晰地呈现出建筑物内部紧急状况的位置，甚至到紧急状况最合适的路线，救援人员可以由此做出正确的现场处理，提高应急行动的成效。

3.3.7   成本管理

3.3.7.1   成本管理的定义

成本管理，是企业根据一定时期预先建立的成本管理目标，由成本控制主体在其职权范围内，在生产耗费发生以前和成本控制过程中，对各种影响成本的因素和条件采取一系列预防和调节措施，以确保成本管理目标实现的管理行为。

3.3.7.2   成本管理的难点

成本管理的过程是运用系统工程的原理对企业在生产经营过程中发生的各种耗费进行计算、调节和监督的过程，也是一个发现薄弱环节，挖掘内部潜力，寻找一切可能降低成本途径的过程。科学地组织实施成本控制，可以促进企业改善经营管理，转变经营机制，全面提高企业素质，使企业在市场竞争的环境下生存、发展和壮大。然而，工程成本控制一直是项目管理的重点及难点，主要难点如下：

（1）数据量大。每一个施工阶段都牵涉大量材料、机械、工种、消耗和各种财务费用，人、材、机和资金消耗都要统计清楚，数据量十分巨大。面对如此巨大的工作量，实行短周期（月、季）成本在当前管理手段下。随着工程进展，应付进度工作自顾不暇，过程成本分析、优化管理就只能搁在一边。

（2）牵涉部门和岗位众多。实际成本核算，传统情况下需要预算、材料、仓库、施工、财务多个部门协同分析汇总数据，才能汇总出完整的某时点实际成本。若某个或某几个部门不实行，整个工程成本汇总就难以做出。

（3）对应分解困难。材料、人工、机械甚至一笔款项往往用于多个成本项目，拆分分解对应对专业的要求相当高，难度也非常高。

（4）消耗量和资金支付情况复杂。对于材料而言，部分材料进库之后并未付款，部分材料付款之后并未进库，还有部分材料出库之后未使用完以及使用了但并未出库的情况；对于工人而言，部分工人干完活但并未付款，部分工人已付款但未干活，还有部分工人干完活但工价仍未确定；机械周转材料租赁以及专业分包也有此类似情况。情况如此复杂，成本项目和数据归集在没有一个强大的平台支撑情况下，不漏项做好三个维度（时间、空间、工序）的对应很艰难。

3.3.7.3 BIM 技术在成本管理中的应用

基于 BIM 技术，建立成本的 5D（3D 实体、时间、工序）关系数据库，以各 WBS 单位工程量人、料、机单价为主要数据进入成本 BIM 中，能够快速实行多维度（时间、空间、WBS）成本分析，从而对项目成本进行动态控制。其解决方案如下：

（1）创建基于 BIM 的实际成本数据库。建立成本的 5D（3D 实体、时间、工序）关系数据库，让实际成本数据及时进入 5D 关系数据库，成本汇总、统计、拆分对应瞬间可得。以各 WBS 单位工程人、材、机单价为主要数据进入到实际成本 BIM 中。未有合同确定单价的项目，按预算价先进入。有实际成本数据后，及时按实际数据替换掉。

（2）实际成本数据及时进入数据库，初始实际成本 BIM 中成本数据以采取合同价和企业定额消耗量为依据。随着进度进展，实际消耗量与定额消耗量会有差异，要及时调整。每月对实际消耗进行盘点，调整实际成本数据。化整为零，动态维护实际成本 BIM，大幅减少一次性工作量，并有利于保证数据准确性。实际成本数据进入数据库的注意事项如表 3-7 所示。

表 3-7 实际成本数据进入数据库的注意事项

类　别	注　意　事　项
材料实际成本	要以实际消耗为最终调整数据，而不能以财务付款为标准，财务费的财务支付有多种情况，未订合同进场的、进场未付款的、付款未进场的按财务付款为成本统计方法将无法反映实际情况，会出现严重误差
仓库盘点	仓库应每月盘点一次，将入库材料的消耗情况详细列出清单向成本经济师提交，成本经济师按时调整每个人 WBS 实际消耗
人工费实际成本	同材料实际成本，按合同实际完成项目和签证工作量调整实际成本数据，一个劳务队可能对应多个 WBS，要按合同和用工情况进行分解落实到各个 WBS
机械周转材料成本	同材料实际成本，要注意各 WBS 分摊，有的可按措施费单独立项
管理费实际成本	由财务部门每月盘点，提供给成本经济师，调整预算成本为实际成本，实际成本不确定的项目仍按预算成本进入实际成本

（3）快速实行多维度（时间、空间、WBS）成本分析。建立实际成本 BIM 模型，周

期性（月、季）按时调整维护好模型，统计分析工作就很轻松，软件强大的统计分析能力可满足我们各种成本分析需求。

下面将对 BIM 技术在工程项目成本控制中的应用进行介绍。

1）快速精准的成本核算。BIM 是一个强大的工程信息数据库。进行 BIM 建模所完成的模型包括二维图纸中所有位置、长度等信息，并包括了二维图纸中不包括的材料等信息。因此，计算机通过识别模型中不同构件及模型的集合物理信息（时间维度、空间维度等），对各种构件的数量进行汇总统计。这种基于 BIM 的算量方法，将算量工作大幅度简化，减少了因为人为原因造成的计算错误，大量节约人力的工作量和花费时间。有研究表明，工程量计算的时间在整个造价计算过程中占到了 50% ~ 80%，而运用 BIM 算量方法会节约将近 90% 的时间，而误差也控制在 1% 的范围之内。

2）预算工程量动态查询与统计。工程预算存在定额计价和清单计价两种模式。自《建设工程工程量清单计价规范》发布以来，建设工程招投标过程中清单计价方法成为主流。在清单计价模式下，预算项目往往基于建筑物进行资源的组织和计价，与建筑构件存在良好对应关系，满足 BIM 信息模型以三维数字技术为基础的特征，故而应用 BIM 技术进行预算工程量统计具有很大优势；使用 BIM 模型来取代图纸，直接生成所需材料的名称、数据和尺寸等信息，而且这些信息将始终与设计保持一致，在设计出现变更时，该变更将自动反映到所有相关的材料明细中，造价工程师使用的所有构件信息也随之变化。

在基于信息模型的基础上增加工程预算信息，即形成了具有资源和成本信息的预算信息模型。预算信息模型包括建筑构件的清单项目类型、工程量清单，人力、材料、机械定额和费率等信息。通过此模型，系统能识别模型中的不同构件，并自动提取建筑构件的清单类型和工程量（如体积、质量、面积、长度等）等信息，自动计算建筑构件的资源用量及成本，用以指导实际材料的采购。

系统根据计划进度和实际进度信息，可以动态计算任意 WBS 节点任意时间段内每日计划工程量、计划工程量累计、每日实际工程量、实际工程量累计，帮助施工管理实时掌握工程量的计划完工和实际完工情况。在分期结算过程中，每期实际工程量累计数据是结算的重要参考，系统动态计算实际工程量可以为施工阶段工程款结算提供数据支持。

另外，从 BIM 预算模型中提取相应部位的理论工程量，从进度模型中提取现场实际的人工、材料、机械工程量，通过将模拟工程量、实际消耗、合同工程量进行短周期三量对比分析，能够及时掌握项目进展，快速发现并解决问题。根据分析结果为施工企业制定精确的人、材、机计划，大大减少了资源、物流和仓储环节的浪费，及时掌握成本分布情况，进行动态成本管理。

3）限额领料与进度款支付管理。限额领料制度一直很健全，但用于实际却难以实现，主要存在的问题有：材料采购计划数据无依据，采购计划由采购员决定，项目经理只能凭感觉签字；施工过程工期紧，领取材料数量无依据，用量上限无法控制；限额领料虚假流程，事后再补单据。那么如何对材料的计划用量和实际用量进行分析对比？

BIM 的出现为限额领料提供了技术和数据支撑。基于 BIM 软件，在管理多专业和多系统数据时，能够采用系统分类和构件类型等对整个项目进行方便管理，为视图显示和材料统计提供规则。

传统模式下工程进度款申请和支付结算工作较为繁琐，基于 BIM 能够快速准确地统计出各类构件的数量，减少预算的工作量，且能形象、快速地完成工程量拆分和重新汇总，为工程进度款结算工作提供技术支持。

4）以施工预算控制人力资源和物质资源的消耗。在进行施工开工以前，利用 BIM 软件进行模型的建立，通过模型计算工程量，并按照企业定额或上级统一规定的施工预算，结合 BIM 模型，编制整个工程预算，作为指导和管理施工的依据。对生产班组的任务安排，必须签收施工任务单和限额领料单，并向生产班组进行技术交底。要求生产班组根据实际完成的工程量和实耗人工、实耗材料做好原始记录，作为施工任务单和限额领料单结算的依据。任务完成后，根据回收的施工任务单和限额领料进行结算，并根据结算内容支付报酬（包括奖金）。为了便于任务完成后进行施工任务单和限额领料单与施工预算的对比，要求在编制施工预算时对每一个分项工程工序名称进行编号，以便对号检索对比，分析节超。

5）设计优化与变更成本管理、造价信息实时追踪。BIM 模型依靠强大的工程信息数据库，实现了二维施工图与材料、造价等各模块的有效整合与关联变动，使得实际变更和材料价格变动可以在 BIM 模型中进行实时更新。变更各环节之间的时间被缩短，效率提高，更加及时准确地将数据提交给工程各参与方，以便各方作出有效的应对和调整。目前，BIM 的建造模拟已经发展到了 5D 维度。5D 模型集三维建筑模型、施工组织方案、成本及造价等 3 部分于一体，能实现对成本费用的实施模拟和核算，并为后续建设阶段的管理工作所利用，解决了阶段割裂和专业割裂的问题。BIM 通过信息化的终端和 BIM 数据后台，将整个工程的造价相关信息数据顺畅地流通起来，从企业级的管理人员到每个数据的提供者都可以监测，保证了各种信息数据及时准确地调用、查询、核对。

复习思考题

3-1 简述 BIM 在招标阶段的应用。

3-2 简述 BIM 在投标阶段的应用。

3-3 BIM 应用于招标管理中后是否会改善传统招标过程中存在的问题？

3-4 简述 BIM 在可视化设计中的应用。

3-5 简述 BIM 在设计分析中的应用。

3-6 简述 BIM 在结构分析中的应用。

3-7 简述 BIM 在建筑节能中的应用。

3-8 简述 BIM 在安全疏散分析中的应用。

3-9 简述 BIM 在协同设计与冲突检查中的应用。

3-10 BIM 在设计阶段如何进行造价控制？

3-11 BIM 给设计阶段带来了哪些影响？

3-12 简述 BIM 在全过程造价管理中的应用。

3-13 简述 BIM 在建设工程多次定价中的应用。

3-14 BIM 给工程造价带来了哪些影响？

3-15 简述 BIM 在施工阶段的应用。

3-16 施工阶段应用 BIM 后，存在的问题是否会改善？

3-17　简述 BIM 在销售环节的应用?

3-18　BIM 具体如何辅助户型定价?

3-19　简述 BIM 在运营维护阶段的应用。

3-20　设计方如何应用 BIM 进行方案设计?

3-21　设计方如何应用 BIM 进行施工图设计?

3-22　设计方如何应用 BIM 进行绿色建筑设计?

3-23　施工方如何应用 BIM 开展深化设计?

3-24　BIM 如何虚拟施工?

3-25　简述 BIM 在进度管理中的应用。

3-26　简述 BIM 在质量管理中的应用。

3-27　简述 BIM 在安全管理中的应用。

3-28　简述 BIM 在成本管理中的应用。

4 BIM 技术应用案例分析

4.1 某综合楼工程

4.1.1 项目概况

4.1.1.1 工程简介

项目名称：某综合楼工程（见图 4-1）；

用地面积：9565m²；

建筑面积：113383m²，其中地上面积9148m²，地下面积2235m²；

建筑层数和建筑高度：地下 2 层，地上 12 层，建筑高度 49.9m；

结构类型：钢筋混凝土框架结构。

4.1.1.2 BIM 应用组织形式

BIM 咨询单位：提供专业的 BIM 应用规划和 BIM 应用指导，提供全过程 BIM 模型维护及造价咨询。

项目管理顾问公司：将 BIM 咨询成果结合工程管理原理与技术，应用于实际项目管理中，提升项目管理能力。

图 4-1　某综合楼效果图

业主单位：借助基于 BIM 的项目管理，准确掌握设计、施工、造价咨询等服务单位的工作成果质量。

4.1.2 BIM 技术的专项应用

4.1.2.1 项目 BIM 实施导则

项目 BIM 实施导则如下：

（1）制定 BIM 应用目标；

（2）规划 BIM 实施路线；

（3）明确 BIM 应用要求；

（4）确定多方 BIM 协同工作机制；

（5）定义 BIM 模型创建于信息传递共享标准；

（6）指导 BIM 应用落地。

4.1.2.2 具体应用

（1）土建算量。土建算量模型如图 4-2 所示、工程量分析图如图 4-3 所示。产生建筑、结构、装饰模型三维算量 For CAD。依据实施导则创建建筑、结构等专业 BIM 模型，此模型为后续各项 BIM 应用的工作基础，发现设计图纸描述不清，表达错误等设计问题，并反馈给设计院进行修改和变更。

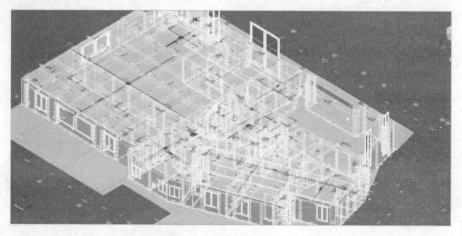

图 4-2 土建算量模型图

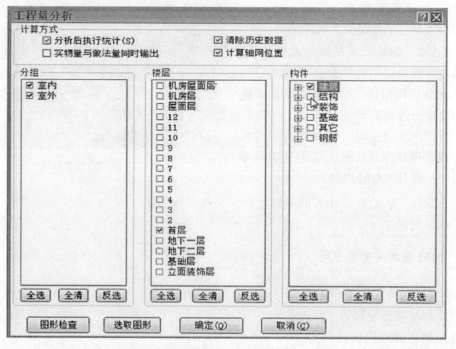

图 4-3 土建工程量分析图

（2）钢筋算量。钢筋算量模型如图 4-4 所示。产生钢筋模型三维算量 For CAD。依据实施导则创建建筑、结构等专业 BIM 模型，此模型为后续各项 BIM 应用的工作基础，发现设计图纸描述不清，表达错误等设计问题，并反馈给设计院进行修改和变更。

（3）安装算量。给排水模型如图 4-5 所示、工程量分析如图 4-6 所示。产生给排水、

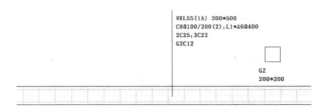

图 4-4 钢筋算量模型

暖通、电气模型三维算量 For CAD。依据实施导则创建建筑、结构等专业 BIM 模型，此模型为后续各项 BIM 应用的工作基础，发现设计图纸描述不清，表达错误等设计问题，并反馈给设计院进行修改和变更。

图 4-5 给排水模型

工程量筛选 查看报表 导入工程 导出工程 导出到Excel 退出

清单工程量 实物工程量

双击汇总条目或在右键菜单中可以在汇总条目上挂接做法

序号	专业类型	输出名称	工程量名称	工程量计算式	计量单位	工程量	换算信息	分组编号
43	给排水	雨水斗YD100	数量	NS	个	5	雨水斗YD100	室内
44	给排水	雨水斗YD100	数量	NS	个	11	雨水斗YD100;规格型号:DN100	室内
45	给排水	污水井	数量	NS	个	4	污水井,规格型号:DN300	室外
46	给排水	通气帽	数量	NS	个	2	通气帽,规格型号:DN100	室内
47	给排水	通气帽	数量	NS	个	1	通气帽,规格型号:DN150	室内
48	给排水	清扫口（系统图）	数量	NS	个	4	清扫口（系统图）	室内
49	给排水	清扫口（系统图）	数量	NS	个	51	清扫口（系统图）;规格型号:DN100	室内
50	给排水	清扫口（系统图）	数量	NS	个	2	清扫口（系统图）;规格型号:DN25	室内
51	给排水	钢制喇叭口	数量	NS	个	1	钢制喇叭口	室内
52	给排水	废水井	数量	NS	个	1	废水井	室外
53	给排水	侧排地漏	数量	NS	个	1	侧排地漏,规格型号:DN100	室内
54	给排水	P型存水弯	数量	NS	个	101	P型存水弯,规格型号:DN100	室内
55	给排水	自动排气阀	数量	NS	个	1	自动排气阀,规格型号:DN50	室内
56	给排水	自动排气阀	数量	NS	个	1	自动排气阀,规格型号:DN65	室内
57	给排水	自动排气阀	数量	NS	个	1	自动排气阀,规格型号:DN80	室内
58	给排水	止回阀	数量	NS	个	1	止回阀,规格型号:0	室内

编号	项目名称	工程量	单位

序号	构件名称	楼层	工程量	构件编号	回路信息	计算表达式
		首层	134.569			
		首层	134.569	排水用PVC-U(DN)-DN100		
1	管道	首层	0.2	排水用PVC-U(DN)-DN100	F-1	0.2
2	管道	首层	0.24	排水用PVC-U(DN)-DN100	F-1	0.24
3	管道	首层	0.3426	排水用PVC-U(DN)-DN100	F-1	0.3426
4	管道	首层	0.3479	排水用PVC-U(DN)-DN100	F-1	0.3479
5	管道	首层	0.4172	排水用PVC-U(DN)-DN100	F-1	0.4172
6	管道	首层	0.5227	排水用PVC-U(DN)-DN100	F-1	0.5227
7	管道	首层	0.5638	排水用PVC-U(DN)-DN100	F-1	0.5638
8	管道	首层	0.5982	排水用PVC-U(DN)-DN100	F-1	0.5982
9	管道	首层	0.9	排水用PVC-U(DN)-DN100	F-1	0.9
10	管道	首层	0.9	排水用PVC-U(DN)-DN100	F-1	0.9
11	管道	首层	1.0152	排水用PVC-U(DN)-DN100	F-1	1.0152
12	管道	首层	1.7531	排水用PVC-U(DN)-DN100	F-1	1.7531
13	管道	首层	1.9611	排水用PVC-U(DN)-DN100	F-1	1.9611
14	管道	首层	3.1831	排水用PVC-U(DN)-DN100	F-1	3.1831
15	管道	首层	3.8837	排水用PVC-U(DN)-DN100	F-1	3.8837
16	管道	首层	4.378	排水用PVC-U(DN)-DN100	F-1	4.3780
17	管道	首层	6.2065	排水用PVC-U(DN)-DN100	F-1	6.2065
18	管道	首层	6.4372	排水用PVC-U(DN)-DN100	F-1	6.4372
19	管道	首层	4.4	排水用PVC-U(DN)-DN100	FL-3	4.4
20	管道	首层	0.2309	排水用PVC-U(DN)-DN100	TL-1	0.2309
21	管道	首层	0.2458	排水用PVC-U(DN)-DN100	TL-1	0.2458
22	管道	首层	0.4477	排水用PVC-U(DN)-DN100	TL-1	0.4477

展开明细 折叠明细

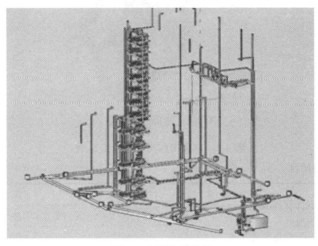

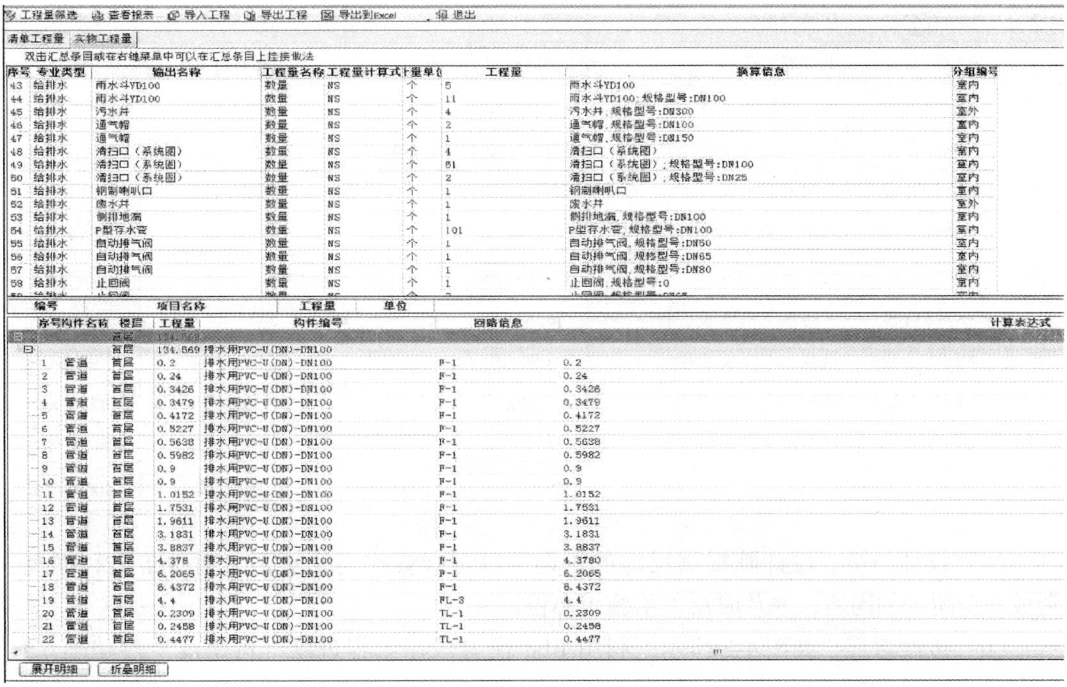

图 4-6 给排水工程量分析

（4）造价计算。图4-7所示为造价计算模型，表4-1为单项工程投标报价汇总表。基于已创建的BIM模型，利用斯维尔三维算量软件，直接快速计算出工程量清单工程量、定额工程量、实物量，用于造价控制。

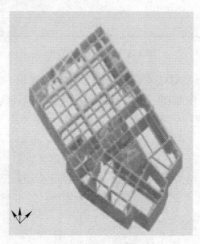

图4-7　造价计算模型

表4-1　单项工程投标报价汇总表

项目名称：×××综合楼项目

序号	单位工程名称	金额（元）	其中		
			暂估价（元）	安全文明施工费（元）	规费（元）
二	×××综合楼项目——机电安装工程				
1	×××综合楼——电气安装工程	1326738.05		72476.41	1280.26
2	×××综合楼——精装修电气安装工程	515992.66		33718.04	497.92
3	×××综合楼——电梯安装工程	820748.37		31647.15	791.99
4	×××综合楼——火灾自动报警安装工程	473319.62		24564.91	456.74
5	×××综合楼——给排水安装工程	944228.43	130000.00	30157.76	911.15
6	×××综合楼——消防安装工程	1258930.26		53926.13	1214.83
7	×××综合楼——通风空调安装工程	2637044.36		51706.49	2544.66
8	×××综合楼——弱电安装工程	1043400.69	164000.00	33995.39	1006.85
9	×××综合楼——人防地下室安装工程	106383.84		5431.44	102.66
10	×××综合楼——景观水电安装工程	96000.20		5425.97	92.64
11	×××综合楼——永久用电安装工程	1428920.51		13321.22	1378.86
12	×××综合楼——临时用水、用电安装工程	434810.20		6451.26	419.58
	小　计	11086517.19	294000.00	362822.17	10698.14

（5）设计纠错。设计院根据反馈的咨询信息进行修改与变更后，对报告进行回复，形成一个闭合的沟通，并及时反馈给施工单位。

（6）进度管理。如图4-8所示，利用BIM模型跟踪工程进度，可生成生产动画，实时直观、精确反映施工计划执行情况，便于精确掌握工程进度。

（7）碰撞检查。图 4-9 所示为 BIM 综合模型、图 4-10 所示为管线碰撞报告。把各专业繁杂的管线（风管、桥架、消防、给排水、医用气体、物流系统等）与建筑结构专业 BIM 模型综合在一起，发现设计中各专业冲突问题，形成管线碰撞报告，提交 BIM 参与各方。

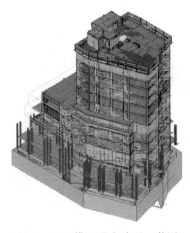

通过在该工程中使用 BIM 技术，在安装工程中使用碰撞检查检索出如图故障点 436 个，能够在实际施工前对上述故障点进行预判和方案优化，避免了在施工阶段频繁变更导致的物料损失及进度放缓，做到"未雨绸缪，先知先觉"。

图 4-8 BIM 模型进度动画（截图）

（8）管线综合。图 4-11 所示为管道路由综合优化。把各专业繁杂的管线（风管、桥架、消防、给排水、医用气体、物流系统等）与建筑结构专业 BIM 模型综合在一起，进行碰撞躲避，管道路由综合优化，提升设计质量。

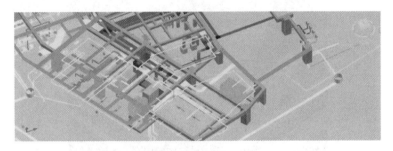

图 4-9 BIM 综合模型

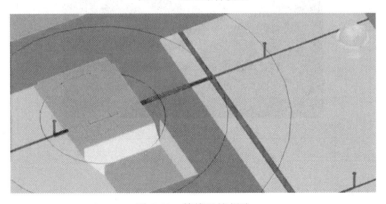

图 4-10 管线碰撞报告

（9）管线深化。图 4-12 所示为管线定位图。利用深化优化后的模型，生成管线穿过墙、板的精确定位信息的三维图。预留预埋孔洞避免了结构施工完成后，打孔对结构的破坏，去除了打孔的工序，提高了施工工作效率和工程质量。

通过在实际工程中采用 BIM 技术，合理优化了应开洞位置，避免对梁板柱等结构位置的破坏。通过对模型的深化，提高了施工效率和工程质量。

图 4-11   管道路由综合优化

问题编号：	F1－02	问题定位：	轴线：1－A&1
图纸编号：	S－1－8, RG－05		
问题描述：	WL－2室外部分水平管与负一层的KZ13碰撞，需修改预留位置		

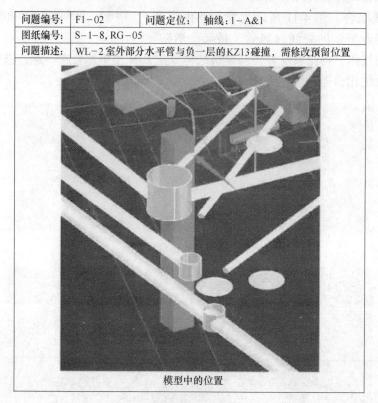

模型中的位置

图 4-12   管线定位图

4.2   某大学体育中心工程

4.2.1   项目概况

4.2.1.1   工程简介

项目名称：某大学新建校区体育中心工程（见图4-13）；

单体工程数量：1栋；

建筑层数：地下1层，地上2层；

总建筑面积：13400m²；

结构类型：框架结构，局部钢构。

图 4-13 某大学新建校区体育中心效果图

4.2.1.2 本工程 BIM 技术应用特点和创新点

具体内容如下：

（1）协助安排施工进度计划；

（2）钢屋盖方案模拟；

（3）设计变更调整；

（4）提供实际施工工程量；

（5）净高检查；

（6）高大支模检索；

（7）预防安全隐患；

（8）主次梁间的搁置问题；

（9）施工资料和模型关联；

（10）质量、安全协同工作；

（11）墙体预留洞定位；

（12）管线综合优化；

（13）碰撞检查；

（14）综合漫游，可视化交底。

4.2.1.3 整合施工 BIM

该项目有其自身的特点，由业主、施工、BIM 团队联合实施应用，图 4-14 所示为施工过程 BIM 模型，定义各个构件的匹配关系，为模型导入做好准备；另外，采用二次建模等方式不断完善施工过程中的 BIM 模型。在建立模型的过程中融合了清单定额计算规则、施工进度计划、成本等多维度的分析工作，以项目施工为重点做了综合性的应用。

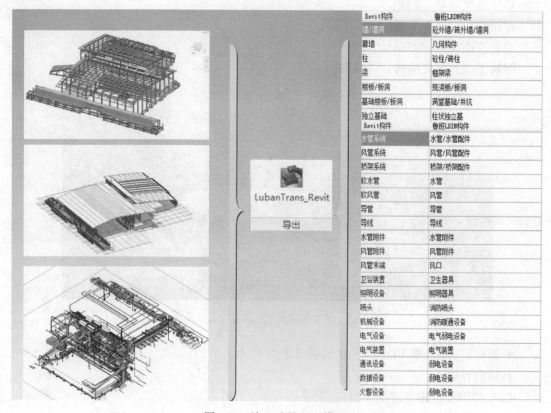

图 4-14　施工过程 BIM 模型

4.2.2　BIM 技术的全过程应用

4.2.2.1　BIM 应用组织架构

图 4-15 所示为 BIM 组织架构、图 4-16 所示为基础数据管理系统，BIM 协同系统部署，数据获取更便捷，岗位分工明确，责任制度落实到位，协同各个专业和工种配合、整合各个专业信息和资料、建立本地化的企业指标库、价格库、构件编码库。

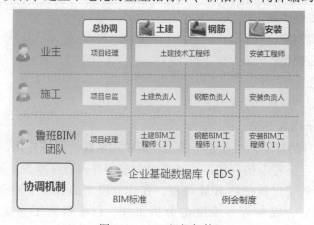

图 4-15　BIM 组织架构

图 4-16　基础数据管理系统

设定不同的角色，权限分配更加明确，各司其职，如图 4-17 所示。

图 4-17　角色权限设置

4.2.2.2　迅速完成施工图预算

如图 4-18 所示，BIM 钢筋模型完成时间：10d。

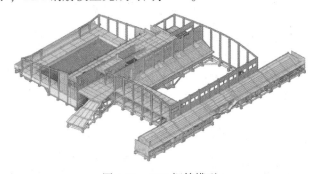

图 4-18　BIM 钢筋模型

如图 4-19 所示，BIM 模型整合及深化时间：10d（结合计算规则、二次结构等）。

把模型建立好，建立模型不是一个人的事，建筑专业和结构专业要联动，专业配合要快速，如图 4-20 所示管线模型，建筑专业需和安装专业沟通的问题有降板位置、地坪标

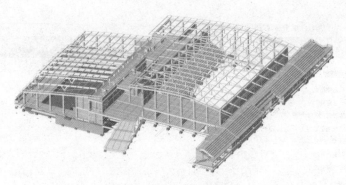

图 4-19　BIM 模型整合

高加厚位置等等。

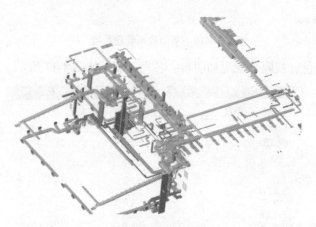

图 4-20　管线模型

4.2.2.3　图纸设计缺陷问题发现及会审

如图 4-21、图 4-22、图 4-23、表 4-2 所示，通过 BIM 模型创建并进行碰撞检查，发现更多潜在的图纸问题，提高工作效率、降低返工率，加快施工进度。

序号	图纸编号	图纸问题	模型处理方法	备注
1	10-002 地下一层平面图（−4.5m 标高）	P-Q/2-3 轴的墙体在结构柱墙图中未找到	暂时先用轻质砂加气混凝土砌块墙做上	
2	10-002 地下一层平面图（−4.5m 标高）	P-Q/9-10 轴的墙体在结构柱墙图中未找到	暂时先用轻质砂加气混凝土砌块墙做上	

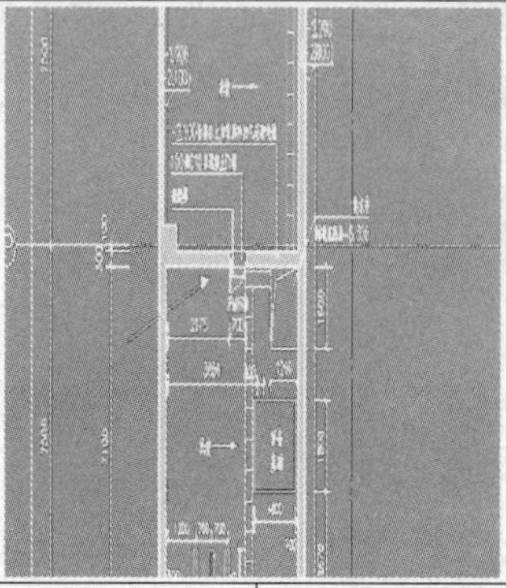

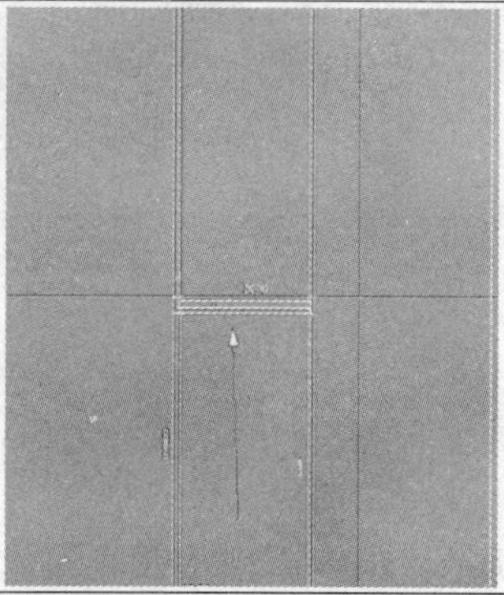

图 4-21　图纸会审

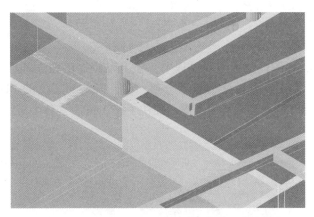

图 4-22 出现悬空钢柱,需要增加构件,受力分析

次梁
主梁

图 4-23 主次梁节点问题,次梁底标高低于主梁

表 4-2 图纸会审、设计交底纪要

工程名称: 　　　　　　　　　　　　　　　　　　　　　　　共 页,第 页

序号	图 号	内 容	设计答复
1	结施 12-001	承台定位图 2 轴交 S 轴 CT01 是否改为 CT02?	
2	结施 14-001	地下室墙体配筋详图中暗梁 AL400 上下只有三根通长筋箍筋是 4 肢箍筋?	
3	结施 22-001	结施 22-001 中 N/13 轴处柱与结施 12-001 处柱不同	
4	结施 12-001	1/M 轴与 M 轴的基础梁没有标注?	
5	结施 60-005	图中 1KZE1 没有配筋?	
6	结施 20-002	结施 20-002 板配筋图与 20-004 梁配筋图 C-B/11-12 处的标高不一致	
7	结施 20-010	次梁 L-AWY05 在 8-9 轴中梁标注与 9-10 轴中间梁的底筋不一致	
8	结施 60-009	楼梯 A-A 剖面图楼层上没看见楼层梁	
9	结施 20-006	节点 8/60-008 中 KL-B2Y03 是折梁,那 2 轴线线上的板就没有支座	
10	结施 20-006	节点 1/60-008 中 KL-B2Y10 是折梁,那 7 轴线线上的板就没有支座	
11	结施 20-006	节点 3/60-008 中 B2Y20 是折梁,那 2 轴线线上的板就没有支座	
12	结施 20-006	节点 5/60-008 中 KL-A2Y13 是折梁形成不了看台	
13	结施 20-006	结构 20-006 中 A-C/1-16 是平板,建筑图是斜板	
14	结施 60-009	结构 60-009 中 9 轴楼梯没有标注	
15	结施 20-002	结构中 B 版增加墙下次梁没有配筋信息	

4.2.2.4 复杂节点

A 复杂节点交底

如图 4-24 所示，在具体三维交底过程中，施工单位提出独立基础有水平和斜向两道支撑，斜向支撑难以施工，并且受力也不合理。设计院按照提交的 BIM 文件，修改斜向支撑为水平支撑并且以地下连续墙为支撑，加快了施工进度，各个班组交底也更加明确。

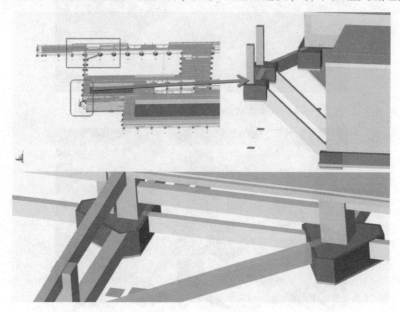

图 4-24　三维交底

B 管道廊位置复杂节点施工

管道廊位置是施工中的一个关键节点。如图 4-25 所示管道廊位置高度低、安装操作空间局促，同时要和管道综合考虑要达到场外防腐、除锈、保温等工作。各个专业理解层次也不尽相同，预算员觉得这个位置高度低于 2.2m，可以不计算建筑面积。施工员认为该高度就是如此，只能照图施工，而项目经理提到在如此局促的环境中施工，工人操作难度大，管线标高、长度控制要求高。利用 BIM 技术，将这个位置的各个构件位置、尺寸、支架情况模拟出来，作为施工指导。看各个专业大样图，主体结构周边情况，各个构件所示尺寸、位置截面尺寸，优化后的不同系统定位高度一目了然。

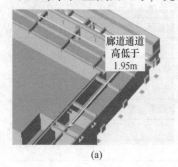
(a)

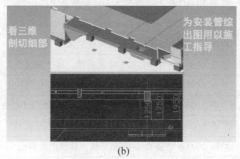
(b)

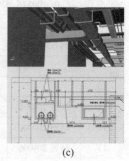
(c)

图 4-25　管道廊位置复杂节点施工
(a) 廊道通道高；(b) 管道廊道剖切细部；(c) 安装管线综合

4.2.2.5 碰撞检查

A 一次碰撞

根据现有施工图，如图 4-26 所示，确定各个碰撞位置，并自动输出详细的碰撞报告，作为实施阶段提前对相关人员做技术交底文件。如图 4-27、图 4-28 所示，为设计院优化图纸出具详细报告。

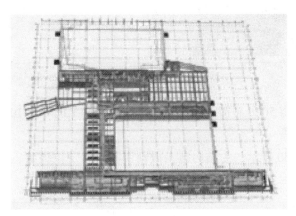

图 4-26 碰撞检查

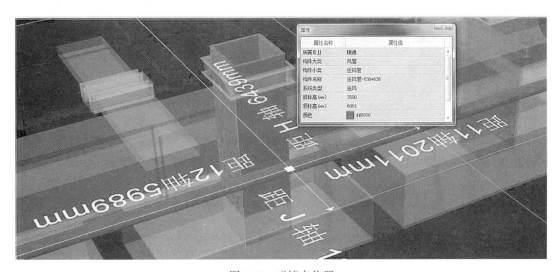

图 4-27 碰撞点位置

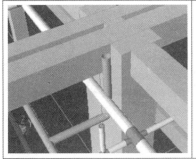

名称：碰撞 844

构件 1：给排水\管道\废水管\铸铁排水管
-DN150(H=4500～6000mm)\J-1

构件 2：消防\管网\喷淋管\镀锌钢管
-DN150(H=5000mm)\PL-1

轴网：6-7/H-F

位置：距 6 轴 212mm；距 H 轴 693mm

碰撞类型：已核准

备注：

名称：碰撞 847
构件 1：电气\电缆桥架\桥架\桥架-300×100(底标高=5300mm，顶标高=5400mm)\N1
构件 2：弱电\线槽桥架\桥架\桥架-400×100(底标高=5200mm，顶标高=5300mm)\S1
轴网：5-6/C-B
位置：距 6 轴 600mm；距 C 轴 1143mm
碰撞类型：已核准
备注：

图 4-28　碰撞报告

在实施过程中找出 50 处碰撞，为施工单位预计节约工期可达 10d 以上。

B　预留洞口报告

如图 4-29、图 4-30 所示，为结构施工做预留洞口的定位提醒，防止施工完毕后再开凿洞口，破坏结构，地下 -1 层预留洞口 47 处。

名称：碰撞 13
构件 1：土建\墙\混凝土外墙\DWQ01(H=-2100～250mm)
构件 2：给排水\管道\雨水管\排水用 PVC-U-De110(H=4100mm)\室内雨水
轴网：8-9/1/S-S
位置：距 8 轴 1960mm；距 S 轴 150mm
碰撞类型：已解决
备注：

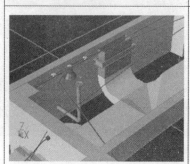

名称：碰撞 14
构件 1：土建\墙\混凝土外墙\DWQ01(H=-2100～-200mm)
构件 2：给排水\管道\雨水管\排水用 PVC-U-De110(H=4100mm)\室内雨水
轴网：1-2/Q-P
位置：距 2 轴 150mm；距 P 轴 1466mm
碰撞类型：已解决
备注：

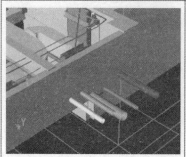

名称：碰撞 15
构件 1：土建\墙\混凝土外墙\DWQ01(H=-2100～-250mm)
构件 2：给排水\管道\雨水管\排水用 PVC-U-De160(H=4100mm)\室内雨水
轴网：13-1/13/1/L-L
位置：距 13 轴 400mm；距 1/L 轴 1505mm
碰撞类型：已解决
备注：

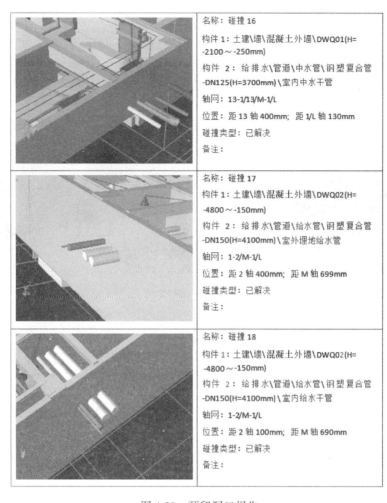

名称：碰撞 16

构件 1：土建\墙\混凝土外墙\DWQ01(H=-2100～-250mm)

构件 2：给排水\管道\中水管\钢塑复合管-DN125(H=3700mm)\室内中水干管

轴网：13-1/13/M-1/L

位置：距 13 轴 400mm；距 1/L 轴 130mm

碰撞类型：已解决

备注：

名称：碰撞 17

构件 1：土建\墙\混凝土外墙\DWQ02(H=-4800～-150mm)

构件 2：给排水\管道\给水管\钢塑复合管-DN150(H=4100mm)\室外埋地给水管

轴网：1-2/M-1/L

位置：距 2 轴 400mm；距 M 轴 699mm

碰撞类型：已解决

备注：

名称：碰撞 18

构件 1：土建\墙\混凝土外墙\DWQ02(H=-4800～-150mm)

构件 2：给排水\管道\给水管\钢塑复合管-DN150(H=4100mm)\室内给水干管

轴网：1-2/M-1/L

位置：距 2 轴 100mm；距 M 轴 690mm

碰撞类型：已解决

备注：

图 4-29 预留洞口报告

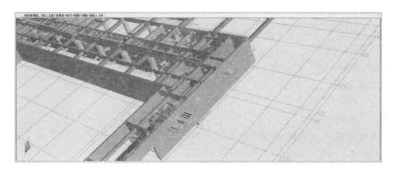

图 4-30 预留洞口位置

4.2.2.6 数据与模型关联

利用 Luban BE（鲁班 BIM 浏览器），在鲁班 BIM 浏览器中本身就做好了构件工程量和模型联动，如图 4-31、图 4-32、表 4-3、表 4-4 所示，选择任意楼层可以清晰地查看土建和钢筋等工程量，包括钢筋明细表。

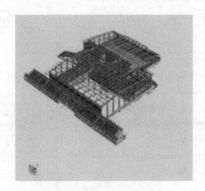

图 4-31　鲁班 BIM 浏览器　　　　　　　图 4-32　钢筋明细表模型

表 4-3　清单报表

序号	构 件 信 息	单位	工程量	备注
31.1	3 层	m³	3.52	
31.1.1	女儿墙 400	m³	3.52	
32	010305009001 坡道 1. 垫层材料种类、厚度 2. 石料种类、规格 3. 勾缝要求 4. 石表面加工要求 5. 砂浆强度等级、配合比 6. 护坡厚度、高度	m²	6.48	
32.1	1 层	m²	6.48	
32.1.1	坡道	m²	6.48	
33	010306001 散水 1. 垫层材料种类、厚度 2. 散水、地坪厚度 3. 砂浆强度等级、配合比 M7.5 水泥 4. 面层种类、厚度	m²	262.02	
33.1	1 层	m²	262.02	
33.1.1	散水	m²	262.02	
34	010401001001 带形基础（轻质隔墙） 1. 混凝土轻度等级：C20 2. 泵送商品混凝土	m³	272.93	

续表 4-3

序号	构 件 信 息	单位	工程量	备注
34.1	−1 层	m³	272.93	
34.1.1	带形基础	m³	272.93	
35	010401003001 满堂基础 1. 混凝土强度等级 C35 P6 2. 商品泵送混凝土	m³	3559.24	
35.1	0 层	m³	3559.24	
35.1.1	筏板基础 300	m³	8.92	
35.1.2	筏板基础 600	m³	1842.23	
35.1.3	筏板基础 1300	m³	49.58	
35.1.4	筏板基础 1500	m³	35.30	
35.1.5	筏板基础 3300	m³	8.32	
35.1.6	筏板基础 3500	m³	866.90	
35.1.7	筏板基础 3800	m³	227.07	
35.1.8	筏板基础 4000	m³	115.26	
35.1.9	筏板基础 4200	m³	222.72	
35.1.10	J1	m³	182.94	
36	010401005001 桩承台基础 1. 混凝土强度等级 C35 P6 2. 商品泵送混凝土	m³	392.68	
36.1	0 层	m³	392.68	
36.1.1	CT01	m³	37.40	
36.1.2	CT02	m³	124.49	
36.1.3	CT03	m³	136.64	
36.1.4	CT04	m³	50.16	
36.1.5	CT05	m³	22.59	

表 4-4 钢筋明细表

序号	级别 直径	单长 /mm	计 算 式	中 文 描 述	总根数	总长/m	总质量
构件信息: 0\ 墙\ 泳池侧壁_ 10-2/1/M-N 个数: 1 构件单质量(kg): 4680.375, 构件总质量(kg): 4680.375							
1	Φ16	3801	$(2900+550+0-15)+(270)+(6*16)+(0*0*16)+(0)-(0)$	(墙净高+基础厚度+现浇厚度−顶部保护层) + (顶部空时纵向钢筋弯折长度)+(基础弯折)	1	3.801	5.998
2	Φ16	3801	$(2900+550+0-15)+(270)+(6*16)+(0*0*16)+(0)-(0)$	(墙净高+基础厚度+现浇厚度−顶部保护层) + (顶部空时纵向钢筋弯折长度)+(基础弯折)	1	3.801	5.998

序号	级别直径	单长/mm	计 算 式	中 文 描 述	总根数	总长/m	总质量
3	Φ16	4046	(2900+550+500+0)++(6*16)+(0*0*16)+(0)-(0)	(墙净高+基础厚度+上层绑扎离板高+上层搭接长度)+(基础弯折)	343	1387.778	2190.055
4	Φ16	4046	(2900+550+500+0)++(6*16)+(0*0*16)+(0)-(0)	(墙净高+基础厚度+上层绑扎离板高+上层搭接长度)+(基础弯折)	343	1387.778	2190.055
5	Φ10	54598	(-15+51400-15)+(272)+(100)+(6*47.6*10)+(0)-(0)	(深入支座长度+墙长+伸入支座长度)+(弯折长)+(弯折长)	2	109.196	67.374
6	Φ10	747	(-15+150+340)+(272)+(0*47.6*10)+(0)-(0)	(伸入支座长度+墙长+伸入支座长度)+(弯折长)	5	3.735	2.305
7	Φ10	54000	(-15+51400-15)+(150)+(100)+(5*47.6*10)+(0)-(0)	(伸入支座长度+墙长+伸入支座长度)+(弯折长)+(弯折长)	2	108	66.636
8	Φ10	625	(-15+150+340)+(150)++(0*47.6*10)+(0)-(0)	(伸入支座长度+墙长+伸入支座长度)+(弯折长)	5	3.125	1.93
9	Φ8	476	(300-2*15+2*8)+(0*42*8)+(2*11.9*8)-(0)	墙宽-2*保护层+2*拉筋直径	798	379.848	150.024

构件信息：2\ 柱 \ 1KZA3_ Q/10

个数：2 构件单质量（kg）：724.521，构件总质量（kg）：1449.042

1	Φ25	3143	(2843)+(300)+(0*0*25)+(0)-(0)	净长+(-离板高度-错开-下搭接+上搭接)-顶部保护层+本柱内弯折长度	26	81.718	314.86
2	Φ25	4018	(3178)+(300)+(0*0*25)+(0)-(0)	净长+(-离板高度-下搭接+上搭接)-顶部保护层+本柱内弯折长度	26	104.468	402.506
3	Φ10	3278	(715+20+25/2+25/2*2)+(715+20+25/2+25/2*2)+(0*51.8*10)+(23.8*10)		92	301.576	186.116
4	Φ10	2706	(429+20+25/2+25/2*2)+(715+20+25/2+25/2*2)+(0*51.8*10)+(23.8*10)		92	248.952	153.64
5	Φ10	2134	(143+20+25/2+25/2*2)+(715+20+25/2+25/2*2)+(0*51.8*10)+(23.8*10)				
6	Φ10	2564	(715+20+25/2+25/2*2)+(358+20+25/2+25/2*2)+(0*51.8*10)+(23.8*10)				

4.2.2.7 建立综合场布应用

如图 4-33、图 4-34 所示，可以利用现场环境，合理布置运输平面和垂直运输塔吊位置，合理布局各个工棚的位置，做好介绍工作。针对正在搭建的-1层顶板做好满堂脚手架的搭设工作。注意布置位置就在绿色斜向支撑位置中间，并且自动统计各个构件数量。

图 4-33 综合场地布置

扣件式脚手架按栋号汇总表

序号	栋号	材质	规格	长度/m	数量	单位
1		安全网		-	643.767	m²
2		扣件	对接扣件	-	680	个
3			旋转扣件	-	3650	个
4			φ48*3.5	10.000	2	根
5			φ48*3.5	11.000	2	根
6			φ48*3.5	11.500	2	根
7			φ48*3.5	12.500	2	根
8			φ48*3.5	16.500	2	根
9			φ48*3.5	18.500	2	根
10		槽钢	φ48*3.5	21.500	2	根
11			φ48*3.5	4.000	2	根
12			φ48*3.5	4.500	2	根
13			φ48*3.5	5.000	2	根
14	施工平面图		φ48*3.5	5.500	2	根
15			φ48*3.5	52.500	2	根
16			φ48*3.5	6.000	2	根
17			φ48*3.5	9.500	2	根
18			φ48*3.5	1.500	596	根
19			φ48*3.5	2.000	214	根
20			φ48*3.5	2.500	140	根
21			φ48*3.5	3.000	3	根
22		钢管	φ48*3.5	3.500	24	根
23			φ48*3.5	4.000	132	根
24			φ48*3.5	4.500	15	根

图 4-34 扣件式脚手架汇总表

4.2.2.8 材料采购与管控、资金计划

Luban MC：前端数据查询，提供材料采购计划。

MC 特点：可以同时对任意楼号、任意楼层、任意构件数据进行提取。

根据每个施工区域所需的人、材、机等数据，精细编制施工进度计划。也可依据变更模型，随时统计分析变化的人、材、机等数据，如图 4-35 所示。

4.2.2.9 施工过程的应用

A 洞口临边防护生成

洞口临边防护生成能起到以下作用：

图 4-35　资源消耗量分析

（1）提示，预警；

（2）防护栏杆、防护板提前加工（见图 4-36）；

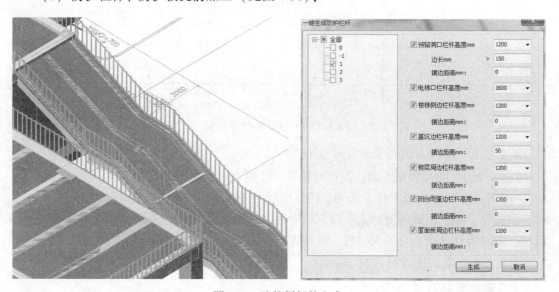

图 4-36　防护栏杆的生成

（3）技术负责，根据洞口编号图，检查现场施工（见图4-37、图4-38）。
技术负责按照生成平面图，复核各个洞口位置。

序号	施工段	洞口编号	洞口尺寸/mm	序号	施工段	洞口编号	洞口尺寸/mm	序号
1	施工段1	施工段1-D01	1200×1200	55	施工段17	施工段17-D01	1200×1200	108
2		施工段1-D02	1200×1200	56		施工段17-D02	1000×1200	109
3	施工段2	施工段2-D01	1400×1800	57		施工段17-D03	1200×1200	110
4	施工段3	施工段3-D01	1200×1200	58	施工段18	施工段18-D01	2200×2250	111
5		施工段3-D02	1200×1200	59		施工段18-D02	1800×1400	112
6	施工段4	无	无	60		施工段18-D03	2700×2200	113
7	施工段5	施工段5-D01	1200×1200	61		施工段18-D04	1800×1400	114
8		施工段5-D02	1200×1200	62		施工段18-D05	1200×1200	115
9		施工段5-D03	1800×1400	63	施工段19	施工段19-D01	1200×1200	116
10	施工段6	施工段6-D01	1200×1200	64		施工段19-D02	1500×2000	117
11	施工段7	施工段7-D01	1200×1200	65		施工段19-D03	1000×1200	118
12		施工段7-D02	1200×1200	66		施工段19-D04	1200×1200	119
13		施工段7-D03	1200×1200	67	施工段20	施工段20-D01	1200×1200	120
14		施工段7-D04	1200×1200	68	施工段21	施工段21-D01	1200×1200	121
15	施工段8	施工段8-D01	1200×1200	69		施工段21-D02	1200×1200	122
16		施工段8-D02	1200×1200	70		施工段21-D03	1200×1200	123
17		施工段8-D03	1200×1200	71		施工段21-D04	1200×1200	124
18	施工段9	施工段9-D01	1400×1800	72	施工段22	施工段22-D01	1200×1200	125
19		施工段9-D02	2200×2300	73		施工段22-D02	2200×2600	126

图4-37 基础洞口编号

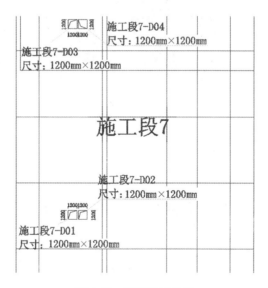

图4-38 基础洞口位置

B 高大支模（方案模拟）

如图4-39所示，设定条件，迅速查找，生成报告。

序号	项目	单位	运算	值
1	梁截面面积	m²	≥	0.52
2	梁、板底高度	m	≥	8
3	梁单跨跨度	m	≥	18
4	板厚	mm	≥	300

(a)

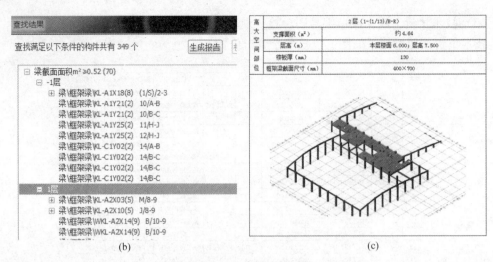

(b)　　　　　　　　　　　(c)

图 4-39　生成报告的过程

（a）设定条件；（b）查找结果；（c）形成报告

如图 4-40 所示，定位高大支模的区域位置。

图 4-40　支模区域

C　钢结构与主体结构整合

如图 4-41 所示，钢结构和主体拼接创建整体钢屋盖和主体模型，使得施工人员在屋盖施工前对屋面情况有直观可视的了解。

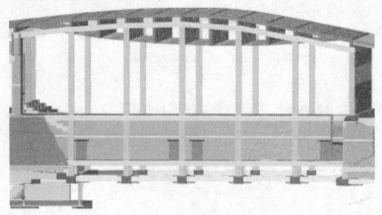

图 4-41　整体钢屋盖和主体模型

钢屋盖容易出现主体结构无法达到钢柱拼装要求，钢屋架型钢深化不到位，分构件对接容易出问题。利用 BE 按照图纸要求进行第一次标高交底。

如图 4-42 所示，在钢筋绑扎、封模前再次按照 BIM 模型深化后的构件平面、高度信息进行复核，进行第二次复核，让各个班组都能明确掌握。

将钢结构公司深化后的模型，导入 BIM 模型，虚拟拼装，第三次复核钢构标高、长度信息。

对进场后钢桁架节点进行第四次复核，利用电子仪器进行吊装检测。

如图 4-43 所示，完成一系列的预埋件定位、型钢和钢筋排布优化。

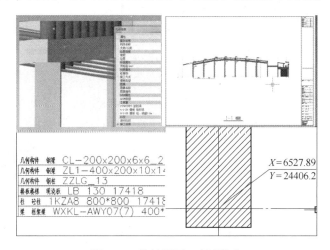

图 4-42 构件平面、高度信息

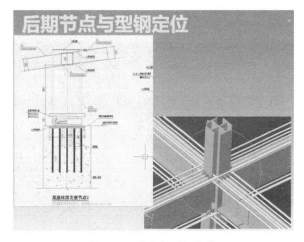

图 4-43 节点与型钢定位

D 细化施工计划、产值计划

按照施工组织设计和现场实际情况，编制进度计划（见图 4-44）。建立整体或者分段施工模型的前提下，按照甲方及施工单位对时间节点的安排，根据实际的工作量安排合理的施工进度计划，以便协同工作。将各类构件赋予时间信息，按照实际进度计划抽取工程量数据（见图 4-45），统计产值，优化管控。

×××进度计划

序号	工作内容	9月第1周	9月第2周	9月第3周	9月第4周	10月第1周	10月第2周	10月第3周	10月第4周	11月第1周	11月第2周	11月第3周	11月第4周
1	自动喷淋系统管道安装	███											
2	自动喷淋系统管道碰头		███										
3	喷淋管道调直及套管补充安装			███									
4	喷淋管道试压、防腐及标志环			███	███								
5	消火栓箱安装及主管道安装		███	███									
6	消火栓箱管道安装及套管安装				███	███							
7	电气桥架安装			███	███								
8	电气报警、应急管线疏通、连接		███	███									
9	1号、8号喷淋管线入户安装及电气管线					███	███						
10	消火栓管道试压、刷油防腐						███	███					
11	室外管道集中防腐							███	███				

图 4-44　施工进度计划

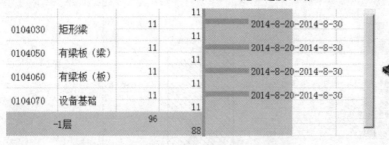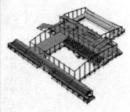

图 4-45　预算模型

E　过程数据多算对比

通过数据多算对比，了解现场管控措施是否合理到位，提高管理人员成本节约意识。

如图 4-46 所示，过程中的多算对比，从预算钢筋量到软件下料量，到现场实际下料量

楼层名称	构件名称		总质量(kg)	钢筋直径(mm)									
				6	8	10	12	14	16	18	20	22	25
	小计	鲁班预算	98204.45	1973.5	1049.2	11861.7	37964	14316.63	14009.44	2000.28	2035.69	1396.4	2156.55
		鲁班下料	91594.6	1145.7	9050.5	11383	35177.9	15022.8	12970.2	1734.6	1399.4	1608.7	2101.8
		现场下料	89058.8	1729.4	9815.1	10434.1	38964.4	10032.64	11849.32	1502.7	1518.28	1828.4	1384.5
	墙	鲁班预算	21967.04	922.87		1399.23	17235	563.91		1120.99	725.01		
		鲁班下料	21670.6	542.5		1271.8	17754.2	636.5		1130.2	335.4		
		现场下料	17064.6	851		1007.8	13710.6			1148.4	346.8		
	柱	鲁班预算	36181.84		353.68		22848.3	3153.14	9424.26	144.41	258.14		
		鲁班下料	34241.6		138.4	65.1	19539.1	3740.1	10613.5	145.4			
		现场下料	29500				17600	1300	7600				
	梁	鲁班预算	5342.08	100.47		1524.5		428.39	710.28	1209.75	1045.21	170.9	152.6
		鲁班下料	5061.2	86.1		1380		420.6	820.2	992.7	997.2	167.8	196.6
		现场下料	5014.09	75.69		942.2	19.4	320	840	963.6	1483.2	170	200
负一层	板筋	鲁班预算	18370.45		367.31		18003.1						
		鲁班下料	18733.8			296.4	18128.7	122.8	185.9				
		现场下料	17497		1200	927	15370						
	其他构件	鲁班预算	1159.38		409.56		649.15	100.66					
	楼梯	鲁班预算	2036.54		431.18	181.49	444.25	60.77		130.76	131.5	127.66	525.93
		鲁班下料	2920.1		701.5	214.2	512.8	299.5	117.3	109.6	116.2	97.2	421.8
		现场下料	2286.1			777.56	190	400			110.04		808.5
	小计	鲁班预算	85057.3	1023.3	1561.7	3105.22	59179.8	4306.86	10134.54	2605.91	2162.83	298.56	678.52
		鲁班下料	82627.3	628.6	839.9	3227.5	55934.8	5219.5	12066.9	2377.9	1488.8	265	618.4
		现场下料	71361.79	926.69	1977.6	3067	47100	4620	8440	2112	1940.04	170	1008

图 4-46　软件预算量、软件下料量、现场下料量三算对比

是体现管理逐步深化的过程。如果核对出的现场下料量都多于预算量，就要找出问题出在哪里，为现场管理、节约材料提供依据。比如该工程16m钢筋就出现了这种情况。

F 管线综合、二次碰撞

实际测量（见图4-47），调整模型。保证模型与现场一致，为管线综合做准备。综合管线优化排布，施工前，优化好所有管线，避免碰撞，避免返工，并保证了施工后管线排布达到美观、整洁度。以往机电施工，各个专业班组为争取较大的施工空间都是抢先在前施工，但是往往考虑不到其他专业的施工空间问题，给后期专业的施工带来不便，协调工作也较难进行。现在按照BIM人员所给的平、剖面图形进行施工，进行有效的管理，合理安排施工工序，将效益最大化。

那么一次碰撞和二次碰撞的区别就在于结合的环境不同，一次碰撞更多的是结合施工图、前期对于各方面因素的理解，二次碰撞更多的是结合现场实际情况，是实际操作和BIM结合应用。

图4-47 施工现场实际测量

如图4-48、图4-49所示，运用BIM技术，安装管线综合模型，并将此运用放入施工流程，要求各班组在施工前根据综合模型交底后方可施工。

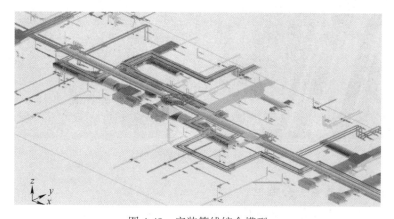

图4-48 安装管线综合模型

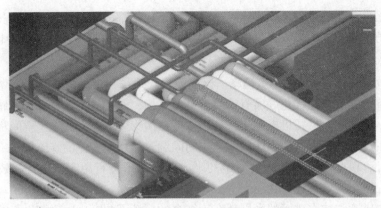

图 4-49　现场实际应用

4.2.2.10　虚拟漫游

如图 4-50、图 4-51 所示。通过虚拟漫游，指导施工技术人员，提前了解建筑内部情况，可以用在施工过程中的各个阶段。

图 4-50　虚拟漫游

图 4-51　模型与现场的对比

4.2.2.11　现场质量安全监控

如图 4-52、图 4-53 所示，通过移动端应用，现场安全员、施工员随时随地拍摄现场，安全防护、施工节点、现场施工做法、疑问的照片，通过手机上传至 PDS 系统中，并与

BIM 模型相应位置进行对应。

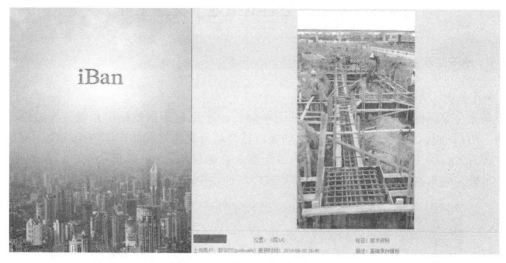

图 4-52 上传至 PDS 的现场照片

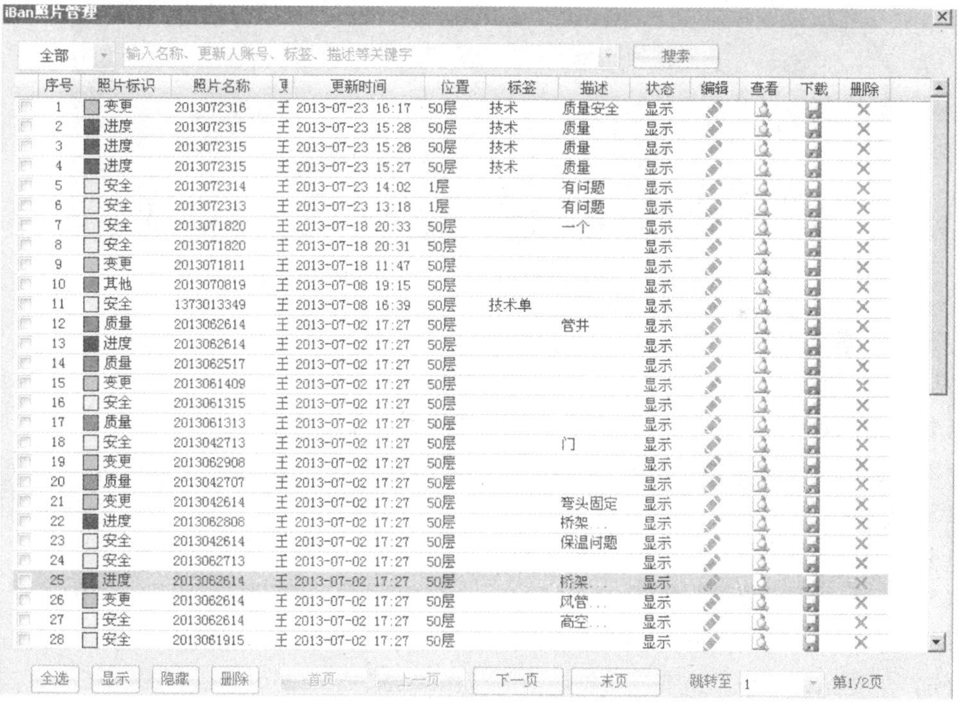

图 4-53 照片管理

实施过程中运用的模型、资料和成果作为监理会议的必要资料。参与交底、谈论、管理的必要环节，提高沟通效率，加快项目进度。形成本项目现场施工缺陷问题库，进行阶段性总结，减少类似施工问题再次出现。

4.2.2.12 资料管理

将建设工程的整个施工过程、材料使用详尽地记录在案，作为检查、改进和责任追溯的依据，最终应用到运维。

4.3 某综合交通枢纽地下交通工程

4.3.1 地下工程穿越地铁工程概况

4.3.1.1 项目地址

某综合交通枢纽地下交通工程（见图4-54）位于某城区东站站房东侧，长途汽车站南侧。107国道以东、圃田西路以西、动力南路与动力北路之间的东广场地块内，周边用地主要为二类居住用地、行政办公用地以及商业金融用地。107国道从东广场西侧下穿，地铁1号线城东站至博学路站盾构区间从东广场地块中部穿过。

图4-54 某综合交通枢纽地下交通工程建筑效果图

4.3.1.2 建筑设计标准

具体内容如下：

（1）设计使用年限：50a，其中地铁明挖区间耐久年限为100a。

（2）建筑耐火等级：地下室为一级，地面附属建筑为二级。

（3）抗震设防烈度：7度。

（4）人防防护等级：常六核六级。

（5）建筑规模：总建筑面积113367.8m^2，其中地下一层建筑面积为36510.6m^2，地下二层（停车场）建筑面积为38428.6m^2，地下三层（停车场）建筑面积为38428.6m^2。

（6）主要结构类型：地下三层钢筋混凝土结构。

（7）地下室防水等级为一级。

（8）地下商业防火分类为Ⅰ类，商业建筑等级为A类，地下车库防火分类为Ⅰ类。

4.3.1.3 工程特点

A 基坑开挖深、开挖面积大，围护结构多

某综合交通枢纽地下交通工程开挖深度约为20m，东西方向长约176m，南北方向长约269m。由于地下水位较高，基坑开挖降水及防护安全控制要求高；考虑与周边工程存在交叉施工的可能，加之受施工场地条件约束，导致围护结构施工量较大。

B 地铁运营区间防护难度大

工程主体基坑临近地铁1号线隧道盾构区间,南北三条联络通道上跨地铁盾构区间,施工期间要确保地铁1号线的安全运营,设置安全可靠的加固防护设施。因此使得施工技术条件复杂化,施工难度加大。

C 施工环境复杂

首先,考虑对已建成的东客站、107国道地下通道、长途客运站的保护,增加了本工程的施工复杂程度。其次,考虑到在施工过程中与在建莆田西路地下通道施工可能会产生交叉,而且广场南部拟建该城新区交通枢纽核心区地下通道系统亦有可能会与本工程并行施工,进一步增加了本工程难度。

4.3.2 BIM 技术在现场管理中的应用

4.3.2.1 建立三维模型

BIM模型不仅具有真实的外观,还附带有更多的构件特性信息,建模初期就不断有工程技术人员借助BIM模型解决一些工程实际问题。将完成的BIM模型用于施工过程的各个阶段,取代了传统的基于二维图纸的沟通方式,使得工程项目成员间的沟通和信息传递更加准确、直观、高效,辅助项目顺利进行。东广场项目部分模型如图4-55所示。

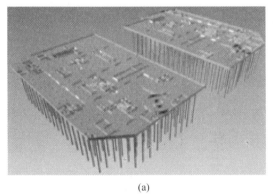 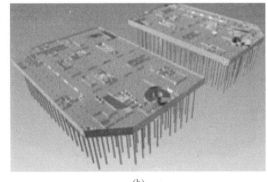

(a) (b)

图 4-55 某综合交通枢纽地下交通工程 BIM 模型
(a) -1F结构;(b) 整体模型

4.3.2.2 复杂节点图纸制作

利用BIM技术的可视化、可出图性的优势特点,解决二维图纸对复杂节点和异型空间部位难于表达的问题。根据工程技术人员及现场生产人员的需求可以在模型中以任意视角快速生成带有丰富尺寸信息的图纸,辅助技术人员和管理人员对工程进展的指导和任务分配工作,保证设计信息在工程各环节的传递更加准确高效,助力工程顺利进行。冠梁节点图如图4-56所示。

4.3.2.3 电子沙盘

利用BIM技术的可视化、模拟性、优化性的优势特点,将现场主要构件模型化后,制作成电子沙盘用于现场场地布置论证、方案调整论证、专项方案的实施论证、

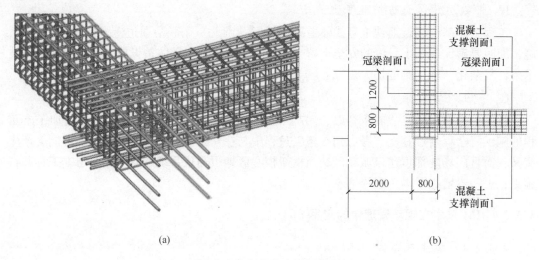

(a)   (b)

图 4-56 复杂节点图纸制作
（a）冠梁钢筋模型；（b）冠梁平面图

工序调整对其他作业影响的论证等，辅助工程方案的落实。降水井布置沙盘如图 4-57 所示。

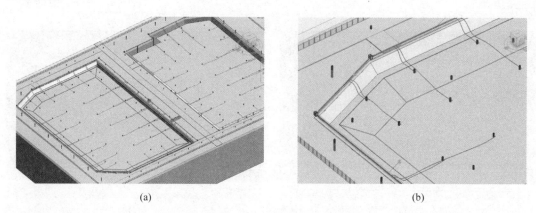

(a)   (b)

图 4-57 电子沙盘演示
（a）降水井布置；（b）降水井布置局部放大

4.3.2.4 工程量统计

利用 BIM 技术协同性、快速统计的优势特点，某综合交通枢纽地下交通工程尝试用 BIM 直接计算提取工程量。通过与手工计算工程量进行对比（见图 4-58），充分验证了 BIM 技术在统计工程量方面具有可靠性和准确性的优势，同时 BIM 技术统计方式的灵活性和所见即所得的特点，将在传统的工程量统计方式之外，增加一种更高效更直观的统计方式。

4.3.2.5 碰撞检查

某综合交通枢纽地下交通工程涉及人防工程，其施工图设计是由多个设计院合力完成，由于各个设计院之间存在沟通协调的壁垒，这势必造成施工图纸之间存在大量的矛盾。将机电模型和主体结构模型合并，通过运行碰撞检测和漫游查看（见图 4-59），可发

类型	数量	钢筋直径	钢筋长度	总钢筋	明细表标记	注释	钢筋理论质量	钢筋总重
28HRB400	268	28	1206	324.28		地连墙 1-N-4-1	4.83728	1568.63
1206：268	268			324.26				1568.63
20HRB400	8	20	1276	10.24	水平分布	地连墙 1-N-4-1	2.468	25.27
20HRB400	9	20	1276	11.52	水平分布	地连墙 1-N-4-1	2.468	28.43
20HRB400	24	20	1276	30.72	水平分布	地连墙 1-N-4-1	2.468	75.82
20HRB400	13	20	1276	16.64	水平分布	地连墙 1-N-4-1	2.468	41.07
20HRB400	16	20	1276	20.48	水平分布	地连墙 1-N-4-1	2.468	50.54
20HRB400	20	20	1276	25.6	水平分布	地连墙 1-N-4-1	2.468	63.18
20HRB400	31	20	1276	39.68	水平分布	地连墙 1-N-4-1	2.468	97.93
20HRB400	75	20	1276	96	水平分布	地连墙 1-N-4-1	2.468	236.93
1276；09：00	196			250.88				619.17
20HRB400	8	20	2526	20.24	水平分布	地连墙 1-N-4-1	2.468	49.95
20HRB400	9	20	2526	22.77	水平分布	地连墙 1-N-4-1	2.468	56.2
20HRB400	24	20	2526	60.72	水平分布	地连墙 1-N-4-1	2.468	149.86
20HRB400	13	20	2526	32.89	水平分布	地连墙 1-N-4-1	2.468	81.17
20HRB400	16	20	2526	40.48	水平分布	地连墙 1-N-4-1	2.468	99.9
20HRB400	20	20	2526	50.6	水平分布	地连墙 1-N-4-1	2.468	124.88
20HRB400	31	20	2526	78.43	水平分布	地连墙 1-N-4-1	2.468	193.57

(a)

钢筋明细对比清单

地连墙名称	核对钢筋	BIM工程量 /t	手算工程量 /t	差量(BIM量－手算量)	差量百分比(差量/手算量)	差异分析
1-N-4-1	φ28 1号竖向分布筋	6636.75	6681.983	-45.233	0.67%	根数长度相同，每米质量BIM用4.83728计算，工程部用4.83计算
	φ28 8+9竖向分布筋	1249.47	1188.18	61.29	5.15%	根数BIM21根，工程部20根，长度相同，每米质量同上，BIM按照实际摆放量计算，工程部按照图纸所示计算
	φ28 竖向桁架筋	84.9	89.568	-4.668	5.21%	BIM根数252根，工程部272根，每根长度BIM1026，工程部1159，工程部长度未按照之前通知BIM的长度计算，每排根数BIM63，工程部68，工程部按图量计算，BIM按实际摆放量计算。
	φ28 横向桁架筋	1526.73	1522.648	4.082	0.26%	根数相同，每根长度BIM1026，工程部1159，工程部长度未按照之前通知BIM的长度计算
	φ25 X剪力筋	978.23	983.213	-4.983	-0.51%	根数BIM为38根，工程部94根，BIM按照之前工程部通知的边小于2M不设X剪力筋布置
	φ25 2号竖向分布筋	3398.28	3742.2	-343.92	9.19%	根数相同，每米质量BIM以3.85625计算，工程部以3.85计算
	φ20 水平筋	3423.354	3689.686	-266.332	7.21%	根数BIM为588根，工程部582根，每米质量BIM以2.468计算，工程部以2.7计算。长度上工程部未考虑保护层
	φ18 7号筋	372.63	372.8	-0.17	0.45%	根数长度相同，每米质量BIM1.99908计算，工程部按2计算
	φ16	515.24	515.396	-0.156	0.30%	根数长度相同，每米质量BIM1.57952计算，工程部按2计算
合计		18185.584	18785.674	-600.09	-3.19%	

(b)

图 4-58 工程量统计

(a) BIM 工程量统计；(b) BIM 出量与传统出量对比

现各专业间的碰撞问题、综合管线排布问题、空间布置合理性问题、设备安装及检修空间问题等，生成碰撞检查报告及时上报相关负责人提前解决，有效减少窝工、返工及变更带来的损失。

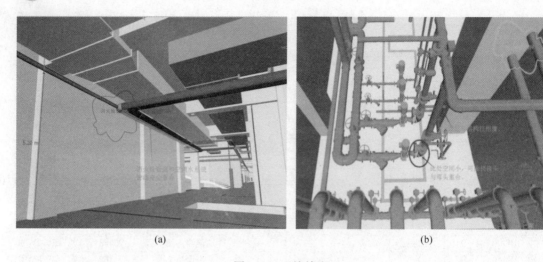

(a)　　　　　　　　　　　　　　　　(b)

图 4-59　碰撞检查
(a) 不同专业碰撞检查；(b) 综合管线碰撞检查

4.3.2.6　可视化技术交底

某综合交通枢纽地下交通工程围护结构采用地下连续墙的施工工艺、主体结构采用半逆作法施工，工程涉及施工机械多、工序复杂，技术难度大，施工质量要求高。运用传统的静态分析法与经验法进行复杂工程的专项技术方案编制与技术交底存在两方面问题：一方面传统方法往往无法全面、真实的考虑施工中的安全问题；另一方面传统方式的技术交底难以让工人很快理解。本项目应用 BIM 施工模拟技术对重点难点分部分项工程进行可建性模拟、可视化交底及深化设计（见图 4-60），按时、分、秒精确表示每一道工序的施工顺序、施工方法，达到分析优化施工方案、排除安全隐患、高效完成现场技术交底的目标，解决了施工方案安全隐患多、技术交底难的问题。

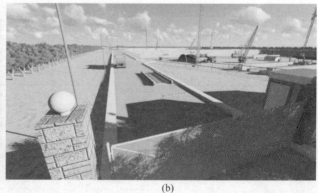

(a)　　　　　　　　　　　　　　　　(b)

图 4-60　可视化技术交底
(a) 吊装模拟；(b) 车流模拟

4.3.2.7　BIM 协同管理平台

为了能将 BIM 技术的各种特性及各项功能综合应用、充分发挥，某综合交通枢纽地下交通工程利用同望 BIM 管理平台辅助项目管理，将 BIM 技术充分融入到项目施工管理

的各个环节，目前已在进度管理，工程量管理等方面取得初步成果。同望 BIM 管理平台
应用如图 4-61、图 4-62 所示。

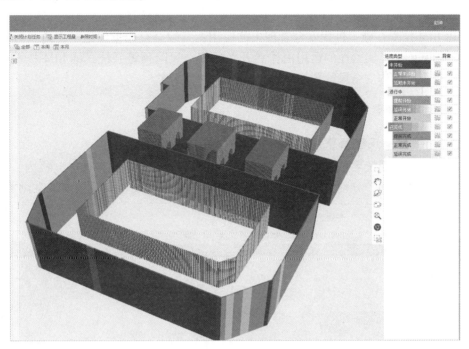

图 4-61 同望 BIM 管理平台工程进度管理图

构件标识	楼层	构件类型	构件编码	构件名称	规格型号	专业	工程量类型	单位	工程量	清单编码
三轴搅拌桩001Z-01	一层	三轴桩	001Z-01	3#通道三轴桩	桩径850	土建	长度	m	4361.26	10201009002
三轴搅拌桩002Z-01	一层	三轴桩	001Z-01	3#通道三轴桩	桩径851	土建	长度	m	4863.47	10201009002
三轴搅拌桩003Z-01	一层	三轴桩	002Z-01	3#通道三轴桩	桩径852	土建	长度	m	4176.46	10201009002
三轴搅拌桩004Z-01	一层	三轴桩	002Z-01	3#通道三轴桩	桩径853	土建	长度	m	3304.1	10201009002
三轴搅拌桩005Z-01	一层	三轴桩	003Z-01	3#通道三轴桩	桩径854	土建	长度	m	3714.41	10201009002
三轴搅拌桩006Z-01	一层	三轴桩	003Z-01	3#通道三轴桩	桩径855	土建	长度	m	2872.58	10201009002
三轴搅拌桩007Z-01	一层	三轴桩	004Z-01	1#通道三轴桩	桩径856	土建	长度	m	4515.88	10201009002
三轴搅拌桩008Z-01	一层	三轴桩	004Z-01	1#通道三轴桩	桩径857	土建	长度	m	4263.52	10201009002

楼层	专业	类型	子类型	材质	工程量	名称
84.2m	结构	结构框架	混凝土-矩形梁	C35	6.3227	混凝土支撑 800x800 mm
80.4m	其他	常规模型	三轴桩新版		6.0967	1#通道三轴桩空桩6357
80.4m	其他	常规模型	三轴桩新版		6.0967	1#通道三轴桩空桩6357
80.4m	其他	常规模型	三轴桩新版		9.8369	3#通道三轴桩空桩10257
80.4m	其他	常规模型	三轴桩新版		6.0967	1#通道三轴桩空桩6357
80.4m	其他	常规模型	三轴桩新版		6.0967	1#通道三轴桩空桩6357
80.4m	其他	常规模型	三轴桩新版		6.0967	1#通道三轴桩空桩6357
80.4m	其他	常规模型	三轴桩新版		6.0967	1#通道三轴桩空桩6357
80.4m	其他	常规模型	三轴桩新版		9.8369	3#通道三轴桩空桩10257
80.4m	其他	常规模型	三轴桩新版		9.8369	3#通道三轴桩空桩10257

图 4-62 同望 BIM 管理平台工程量管理

4.3.2.8 地下工程穿越地铁项目安全风险预警系统应用

可以看出，某综合交通枢纽地下交通工程项目已经开始在施工全过程中使用 BIM 技术，并取得了一定的成果，但是在应用 BIM 技术落实安全管理工作方面，还较为空白。为了深化 BIM 技术在施工过程安全管理中的应用，某综合交通枢纽地下交通工程在上文 BIM 应用的基础上，实验性的运用由作者开发的安全风险预警系统，将 BIM 技术引入地下工程穿越既有结构安全风险预警领域，并取得初步成效。

4.3.3 安全风险预警系统管理

4.3.3.1 安全风险预警系统界面介绍

安全风险预警系统菜单设置在 Navisworks "查看" 菜单下 "窗口选择" 栏内，菜单栏提供了两个功能选项，分别为安全风险预警系统预设功能与安全风险预警信息浏览功能，如图 4-63 所示。

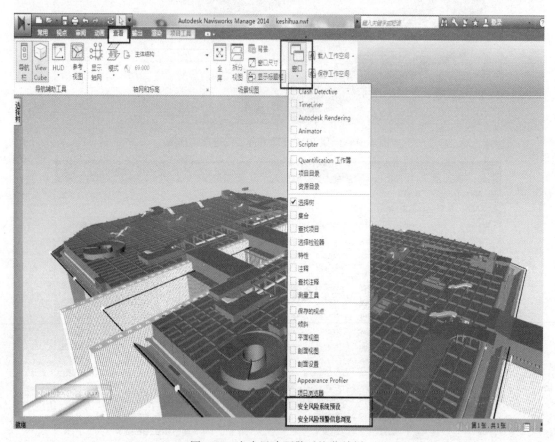

图 4-63 安全风险预警系统菜单栏

A 安全风险预警系统预设

根据地下工程穿越既有结构安全风险预警模型的嵌入方法，安全风险预警系统将系统预设划分为三个方面：首先为安全风险预警指标权重预设；其次为安全风险预警指标警情强度预设；最后为安全风险预警指标警情概率阈值预设。在安全风险预警系统的预警功能执行前，管理人员需要根据相应的规则完成这三个方面的设置。

安全风险预警系统预设有两种方式：一种是在安全风险预警系统预设界面人工输入各个预警指标相对应的数据；另一种方法是通过导入功能导入外部预先设置好的 .sql 格式数据库文件。

在安全风险预警系统使用过程中，安全风险预警指标权重、安全风险预警指标警情强度与安全风险预警指标警情概率阈值有可能会发生变化。随着工程的进展、管理人员风险认识水平的提高、相关法律法规的修订，系统预设值存在调整的可能，通过左下角重置按钮，可快速完成安全风险预警系统预设重置功能。安全风险预警系统预设界面如图 4-64、图 4-65 所示。

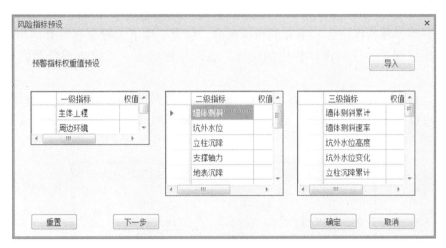

图 4-64　安全风险预警指标权重预设界面

图 4-65　安全风险预警指标警情强度与概率阈值预设界面

B　安全风险预警信息浏览功能

安全风险预警信息浏览功能是安全风险预警系统的核心功能，本文作者将安全风险分为 4 个等级，从大到小分别对应红、蓝、黄、绿四种不同颜色的安全风险预警信号，管理人员通过预警信号可以快速判断当前项目主体结构及周边环境的安全风险情况，并根据预警信号采取相对应的风险对策。安全风险预警信息浏览功能不仅可以快速浏览项目安全状态与当前状态下的安全风险报警信号，还提供了两种形式的安全风险预警指标浏览方式。

第一种安全风险浏览方式为异常预警指标浏览。如果当前项目安全风险等级处于非安全状态，下方异常指标窗口中将显示非正常状态的安全风险预警监控指标数量与名称。通过系统所提供的查看指标详情的功能，可以快速查看异常指标的详细情况，包括更新时间、异常指标监测点编号、风险发生位置、当前预警监测指标数值、指标范围参考及近 12d 内指标的变化趋势。但是第一种浏览方式只能浏览异常状态下的安全风险指标。

第二种安全风险浏览方式可以通过选取指标树去获取任意安全风险预警指标情况。右侧"安全风险预警指标体系"下方的指标树内，包含了地下工程穿越既有结构项目所有安全风险预警指标，选取选择树内的指标，点击指标状态，可以查看任意指标的指标详情。

同时，安全风险预警系统信息浏览界面还提供了数据更新的功能，通过左上方数据更新按钮，可以实现更新当前数据、重置数据更新的起始时间的功能，实现人工数据的更新工作（见图 4-66）。

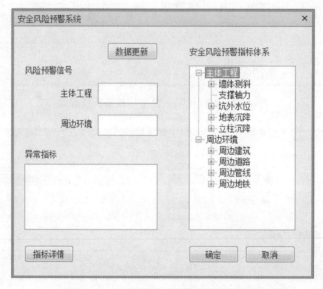

图 4-66   安全风险预警指标浏览界面

4.3.3.2   安全风险预警系统预设

A   指标权重值预设

作者邀请到某综合交通枢纽地下交通工程项目经理、技术总工程师、安全经理等 5 位经验丰富的专家，根据地下工程穿越既有结构安全风险预警监控指标体系，从地下工程与周边环境两方面进行评价指标权重分配工作。通过设计某综合交通枢纽地下交通工程项目预警指标风险评价表，对每个指标两两比较。按照上文阐述的层次分析法对调查结果进行分析计算，并通过一致性检验判断调查结果合理性，最终得到某综合交通枢纽地下交通工程安全风险预警监测指标权重，如表 4-5 所示。

表 4-5　某综合交通枢纽地下交通工程安全风险预警指标权重

一级指标	权重	二级指标	权重	三级指标	权重
主体工程预警指标	0.6	墙体测斜	0.4231	测斜累计	0.2
				测斜速率	0.8
		坑外水位	0.0765	水位高度	0.2
				变化速率	0.8
		立柱沉降	0.2514	沉降累计	0.4
				沉降速率	0.6
		支撑轴力	0.1331	轴力累计	1.0
		地表沉降	0.1159	沉降累计	0.2
				沉降速率	0.8
周边环境预警指标	0.4	周边建筑	0.3977	沉降累计	0.2
				倾斜率	0.4
				裂缝尺寸	0.4
		周边道路	0.0726	沉降累计	0.4
				沉降速率	0.6
		周边管线	0.1536	沉降累计	0.2
				沉降速率	0.8
		周边地铁	0.3761	位移累计	0.2
				变化速率	0.8

B　风险损失指标预设

a　构造隶属度矩阵

作者邀请某综合交通枢纽地下交通工程 5 位经验丰富的安全管理专家，对各个指标可能造成的事故等级进行评判。最终形成安全风险预警指标隶属度矩阵（见表 4-6）。

表 4-6　某综合交通枢纽地下交通工程安全风险预警指标隶属度矩阵

预警指标			轻微	一般	较强	极强
主体工程预警指标	墙体测斜	测斜累计	0	0.6	0.2	0.2
		测斜速率	0	0.4	0.4	0.2
	坑外水位	水位高度	0.6	0.2	0.2	0
		变化速率	0.6	0.2	0.2	0
	立柱沉降	沉降累计	0.8	0.2	0	0
		沉降速率	0.8	0	0.2	0
	支撑轴力	轴力累计	0	0.2	0.4	0.4
	地表沉降	沉降累计	0.6	0.4	0	0
		沉降速率	0.4	0.4	0.2	0

预警指标			轻微	一般	较强	极强
周边环境预警指标	周边建筑	沉降累计	0	0.6	0.4	0
		倾斜率	0	0.4	0.6	0
		裂缝尺寸	0	0.6	0.4	0
	周边道路	沉降累计	1	0	0	0
		沉降速率	1	0	0	0
	周边管线	沉降累计	0.6	0.2	0.2	0
		沉降速率	0.6	0.2	0.2	0
	周边地铁	位移累计	0.2	0.2	0.4	0.2
		变化速率	0	0.2	0.6	0.2

b　预警指标综合评价

根据模糊综合评价计算方法，选用加权平均综合评价模型进行模糊计算，根据隶属度最大原则，进行安全风险预警警情强度分析工作，所得安全风险预警指标综合评价向量及评价结果如表 4-7 所示。

表 4-7　某综合交通枢纽地下交通工程安全风险预警指标综合评价向量及评价结果

二级指标	隶属度向量	一级指标	隶属度向量	评价结果
墙体测斜	(0, 0.44, 0.36, 0.2)	工程	(0.286, 0.298, 0.277, 0.138)	一般
坑外水位	(0.6, 0.2, 0.2, 0)			
立柱沉降	(0.8, 0.04, 0.16, 0)			
支撑轴力	(0, 0.2, 0.4, 0.4)			
地表沉降	(0.44, 0.4, 0.16, 0)			
周边建筑	(0, 0.52, 0.48, 0)	周边环境	(0.180, 0.313, 0.432, 0.076)	较强
周边道路	(1, 0, 0, 0)			
周边管线	(0.6, 0.2, 0.2, 0)			
周边地铁	(0.04, 0.2, 0.56, 0.2)			

c　风险概率指标预设

根据安全风险预警指标阈值设置依据、某综合交通枢纽地下交通工程第三方监测所出具的监测标准，某综合交通枢纽地下交通工程安全风险预警指标阈值设置如表 4-8 所示。

表 4-8　某综合交通枢纽地下交通工程安全风险预警指标阈值标准表

预警指标			安全	一级警戒	二级警戒	三级警戒	危险
主体工程预警指标	墙体测斜	测斜累计（‰）	0	1.4	3	5	7
		测斜速率（mm/d）	0	3	5	6	7

预警指标			安全	一级警戒	二级警戒	三级警戒	危险
地基基础工程预警指标	坑外水位	水位高度（mm）	0	800	1000	1500	2000
		变化速率（mm/d）	0	100	200	500	800
	立柱沉降	沉降累计（mm）	0	10	40	50	60
		沉降速率（mm/d）	0	2	3	4	5
	支撑轴力	轴力累计	0	0.8	0.9	1.0	1.2
	地表沉降	沉降累计（‰）	0	1	2	3	5
		沉降速率（mm/d）	0	3	5	6	7
周边环境预警指标	周边建筑	累计沉降（mm）	0	0.5	0.8	0.9	1.0
		倾斜率	0	2	3	4	5
		裂缝尺寸（mm）	0	1	5	15	25
	周边道路	沉降累计（mm）	0	3	7	10	15
		沉降速率（mm/d）	0	4	5	6	7
	周边管线	沉降累计（mm）	0	0.5	0.8	0.9	1.0
		沉降速率（mm/d）	0	2	3	4	5
	地铁	位移累计	0	2	3	4	5
		变化速率（mm/d）	0	1	1.5	2.5	3

注：表中数值均为预警指标下限；对于相关规范只规定了指标极限值的情况，取极限值的 80%、60%、40%、20% 对应三级警戒、二级警戒、一级警戒与安全的状态的指标下限；地表沉降累计为沉降值与开挖深度之比；管线沉降的累计指标计算公式为相邻管节累计坡度差除以允许坡度差。

　　为了验证安全风险预警系统的稳定性与有效性，某综合交通枢纽地下交通工程于 2015 年 3 月采用基于 BIM 技术的安全风险预警系统辅助项目安全管理，取得了良好的效果。以 2015 年 4 月 8 日安全风险情况为例，应用效果如下：

　　2015 年 4 月 8 日，安全风险预警系统周边环境发出"风险关注"黄色警报信号，周边地铁盾构区位移累计与盾构区位移速率指标存在异常情况（见图 4-67）。根据安全风险

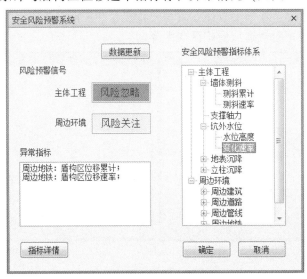

图 4-67　2015 年 4 月 8 日风险指标概况

警报信号，当前周边环境安全风险预警工作的主要内容为：对周边环境安全风险情况及相关安全风险预警指标情况加强关注并加大监测力度。

项目安全管理人员发现系统警报后，通过指标详情功能，发现 2015 年 4 月 8 日下午3：32 分系统返回数据中，周边环境—地铁指标中盾构区位移累计与盾构区位移速率指标处于异常状态。查看指标详情，可发现盾构区位移累计有两个监测点安全风险预警指标出现异常，盾构区位移速率有一个监测点安全风险预警指标出现异常，异常位置分别为 7-K轴与 9-F 轴，监测点 JT007 的盾构区位移累计为 2.3，监测点 7J010 的盾构区位移累计为2.1，位移速率为 2.2mm/d，均超出正常指标参考范围，如图 4-68 所示。

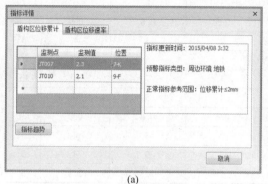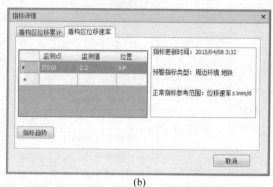

(a)   (b)

图 4-68   异常指标详情
（a）盾构区位移累计指标；（b）盾构区位移速率指标

为了更准确地分析当前安全风险情况，管理人员还需关注过程指标状况，选择指标趋势，调出 2 周内安全风险预警指标变化趋势（见图 4-69）。JT007 监测点盾构区位移累计2015 年 4 月 4 日处于峰值，而 2015 年 4 月 4 日之后位移累计值一直处于可控状态，分析原因为：2015 年 4 月 4 日 7-K 轴基坑土方开挖作业量加大，2015 年 4 月 4 日之后，土方作业工期达到预定计划，该区域土方作业量减少。查看 JT010 监测点盾构区位移速率指标，发现 2015 年 4 月 6 日之后，9-F 区域盾构区位移速率指标呈上升趋势，分析原因2015 年 4 月 6 日之后，7-K 轴土方作业劳动力转移至 9-F 轴，造成土方开挖速度加快，盾构区上方载荷下降速率过快造成盾构区向上隆起。

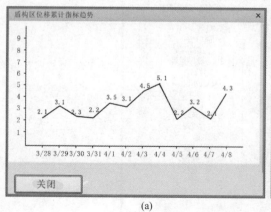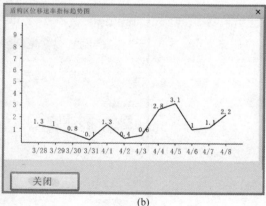

(a)   (b)

图 4-69   位移指标趋势图
（a）位移累计指标趋势；（b）位移速率指标趋势

通过安全风险预警系统，管理人员判断当日安全管理主要工作为控制 9-F 区域盾构区施工作业对地铁盾构区的影响。主要安全风险控制措施为：增加上部荷载，减缓土方开挖工作量。

安全管理人员运用安全风险预警系统可以对安全风险做出准确的分析。同时，安全风险预警系统的风险预警可视化的功能，改变了传统用轴线定位监测点的模式，将传统的二维轴线定位的方式改为三维坐标定位，并反映与 BIM 模型中，让监控位置定位更加准确、直观，安全管理通过安全风险预警系统能够快速定位风险发生的位置。通过可视化安全风险模型查看周边结构的详细情况，可以对制定的安全风险控制方案提供有效帮助。针对 2015 年 4 月 8 日盾构区安全风险隐患，查看风险可视化模型（见图 4-70），安全管理人员

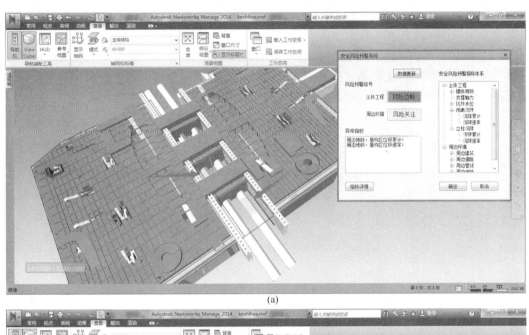

(a)

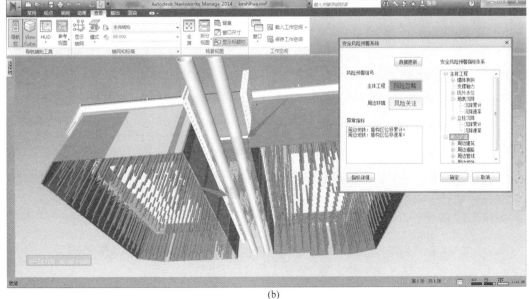

(b)

图 4-70　风险预警可视化功能

（a）盾构区安全风险模型俯视图；（b）盾构区安全风险模型仰视图

迅速确定需要添加荷载的位置，立即制定并落实风险控制方案，大大提升了安全风险预警工作的效率，保障了现场施工活动的安全。

4.3.4　安全风险预警系统的应用效果

安全风险预警系统对某综合交通枢纽地下交通工程安全风险预警工作的帮助得到了项目部人员的高度肯定，通过调查问卷的形式，作者了解到基于 BIM 的安全风险预警系统对安全风险预警工作的帮助主要体现在两方面：

（1）将传统的安全风险预警模型嵌入安全风险预警系统中，大大加快了安全风险预警的工作效率。同时，可视化的风险浏览界面能加深管理人员对安全风险情况的理解，更好地服务于后期风险控制工作。

（2）细化了安全风险预警信息，通过安全风险预警系统，管理人员不仅能获得项目总体的安全风险情况，还能通过查看各个安全风险预警指标的详细情况，对项目安全风险情况进行深化分析，提高了安全风险预警工作的准确性。

参 考 文 献

［1］李建成. BIM 应用·导论［M］. 上海：同济大学出版社，2015.

［2］刘占省，赵雪峰. BIM 技术与施工项目管理［M］. 北京：中国电力出版社，2015.

［3］刘占省. BIM 技术概论［M］. 北京：中国建筑工业出版社，2016.

［4］BIM 工程技术人员专业技能培训用书编委会. BIM 应用与项目管理［M］. 北京：中国建筑工业出版社，2016.

［5］中华人民共和国住房和城乡建设部建筑市场监管司、政策研究中心. 中国建筑业改革与发展研究报告 2015［R］. 北京：中国建筑工业出版社，2015.

［6］中华人民共和国住房和城乡建设部. 2016—2020 年建筑业信息化发展纲要. 2016.

［7］何关培. BIM 总论［M］. 北京：中国建筑工业出版社，2011.

［8］李晓文. BIM 在施工项目中的应用［M］. 北京：中国建筑工业出版社，2016.

［9］丁烈云. BIM 应用·施工［M］. 上海：同济大学出版社，2015.

冶金工业出版社部分图书推荐

书　名	作　者	定价(元)
冶金建设工程	李慧民　主编	35.00
建筑工程经济与项目管理	李慧民　主编	28.00
土木工程安全管理教程（本科教材）	李慧民　主编	33.00
土木工程安全生产与事故案例分析（本科教材）	李慧民　主编	30.00
土木工程安全检测与鉴定（本科教材）	李慧民　主编	31.00
土木工程安全检测、鉴定、加固修复案例分析	孟　海　编著	68.00
工程结构抗震（本科教材）	王社良　主编	45.00
混凝土及砌体结构（本科教材）	赵歆冬　主编	38.00
岩土工程测试技术（本科教材）	沈　扬　主编	33.00
地下建筑工程（本科教材）	门玉明　主编	45.00
建筑工程安全管理（本科教材）	蒋臻蔚　主编	30.00
建筑工程概论（本科教材）	李凯玲　主编	38.00
建筑消防工程（本科教材）	李孝斌　主编	33.00
工程经济学（本科教材）	徐　蓉　主编	30.00
工程地质学（本科教材）	张　荫　主编	32.00
工程造价管理（本科教材）	虞晓芬　主编	39.00
居住建筑设计（本科教材）	赵小龙　主编	29.00
建筑施工技术（第2版）（国规教材）	王士川　主编	42.00
建筑结构（本科教材）	高向玲　编著	39.00
建设工程监理概论（本科教材）	杨会东　主编	33.00
土木工程施工组织（本科教材）	蒋红妍　主编	26.00
建筑安装工程造价（本科教材）	肖作义　主编	45.00
高层建筑结构设计（第2版）（本科教材）	谭文辉　主编	39.00
现代建筑设备工程（第2版）（本科教材）	郑庆红　等编	59.00
土木工程概论（第2版）（本科教材）	胡长明　主编	32.00
土木工程材料（本科教材）	廖国胜　主编	40.00
工程荷载与可靠度设计原理（本科教材）	郝圣旺　主编	28.00
地基处理（本科教材）	武崇福　主编	29.00
土力学与基础工程（本科教材）	冯志焱　主编	28.00
建筑装饰工程概预算（本科教材）	卢成江　主编	32.00
支挡结构设计（本科教材）	汪班桥　主编	30.00
建筑概论（本科教材）	张　亮　主编	35.00
理论力学（本科教材）	刘俊卿　主编	35.00
岩石力学（高职高专教材）	杨建中　主编	26.00
建筑设备（高职高专教材）	郑敏丽　主编	25.00